高等教育应用型特色"十三五"规划教材

Photoshop CC
图像设计项目教程

理论篇

刘於勋　袁雪霞　钱素娟　主编

PHOTOSHOP CC
TUXIANG SHEJI
XIANGMU
JIAOCHENG
LILUNPIAN

郑州大学出版社

郑州

图书在版编目(CIP)数据

Photoshop CC 图像设计项目教程·理论篇/刘於勋,袁雪霞,钱素娟主编. —郑州:郑州大学出版社,2017.8
ISBN 978-7-5645-4289-4

Ⅰ.①P…　Ⅱ.①刘…②袁…③钱…　Ⅲ.①图象处理软件-教材　Ⅳ.①TP391.413

中国版本图书馆 CIP 数据核字(2017)第 104750 号

郑州大学出版社出版发行
郑州市大学路 40 号　　　　　　　　　　邮政编码:450052
出版人:张功员　　　　　　　　　　　　发行电话:0371-66966070
全国新华书店经销
郑州龙洋印务有限公司印制
开本:787 mm×1 092 mm　1/16
总印张:29.5
总字数:701 千字
版次:2017 年 8 月第 1 版　　　　　　　印次:2017 年 8 月第 1 次印刷

书号:ISBN 978-7-5645-4289-4　　　　　总定价:86.00 元(共两册)
本书如有印装质量问题,请向本社调换

作者名单

主　编　刘於勋　袁雪霞　钱素娟

副主编　王水萍　马孝贺　张艳格

编　委　(按姓氏笔画排序)

　　　　　王艳珍　尹新富　刘海姣

　　　　　张　帆　范会芳　赵书田

　　　　　郭雯雯

前　言

　　《Photoshop CC 图像设计项目教程》是一本讲解 Photoshop CC 平面特效设计的教程,此书凝聚了编者多年的不懈努力与心血。本书分为理论篇和实践篇,其中理论篇包含 12 个项目,实践篇包含 6 个项目。在项目设计、内容安排方面能够与时俱进,紧贴企业岗位的需求,全面展示 Photoshop CC 在图像处理、平面广告设计、海报设计、产品造型设计、网站设计、网页设计、UI 界面与图标设计、影楼照片处理、室内外效果图设计、广告海报制作、3D 动画制作等方面的卓越成就。

　　《Photoshop CC 图像设计项目教程·理论篇》在内容编排上注重由简到繁、由浅入深、循序渐进,在展现 Photoshop CC 强大的图像处理功能和绘画技巧的同时,也融入了一线平面设计师的创意和思路,旨在向读者传授技巧的同时也能开阔读者的思维,为读者熟练运用 Photoshop 进行创造、创新提供思路 。

　　本书基于翻转课程的方法,以 12 个项目为驱动、以任务为导向,每个项目都有若干个典型案例作为引导,首先指出任务目标,给出素材图和效果图;然后围绕效果进行任务实施,给出实际操作步骤,并努力做到操作步骤清晰准确;接着对案例中相关知识点进行分析、归纳、总结;最后又进行任务拓展,让读者掌握知识点的基础上,再结合实训举一反三进行强化,力争使读者在掌握软件功能制作技巧的基础上,启发设计灵感,开拓设计思路,提高设计能力。

　　本书可作为本科学校、高职高专以及中等职业学校相关专业的教材,也可作为广大 Photoshop 爱好者、高校教师、平面设计和网页设计人员、多媒体从业人员的自学教程及参考用书。

本书由刘於勋(河南工业大学)、袁雪霞(郑州财经学院)、钱素娟(郑州财经学院)主编,参编老师有郑州财经学院王水萍、马孝贺、张艳格、刘海姣、赵书田、张帆、王艳珍、尹新富、郭雯雯;还有河南省理工学校范会芳等。在本书的编写过程中,得到了其他学校同行老师的关心和支持,并提出了许多宝贵的建议,对提高本书的质量起到重要的指导作用,在此一并表示感谢。

由于作者水平所限,书中可能还存在疏漏和不足之处,欢迎读者朋友指正。

编　者

2017 年 7 月

目录

项目一
Photoshop 简介

本项目以引导读者对 Photoshop cc 有一个完整、全面的认识为目的,介绍图像的基础知识、各种文件格式与图像色彩模式等方面的知识,以及 Photoshop cc 的工作界面和文件的基本操作,以便于后面其他知识的学习。

 一 图像处理基础知识

（一）矢量图和位图

常见的计算机图像大致可分为两种类型:即图形(矢量图)和图像(位图),两者之间各有优缺点,正确认识与对待它们,有利于实际应用中创建、编辑图形与图像。如图 1-1 所示。

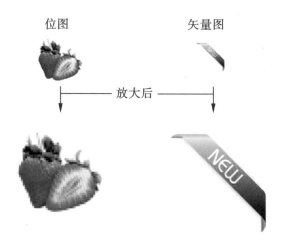

位图　　　　　　　　矢量图

放大后

图 1-1　位图和矢量图

1. 矢量图

矢量图是由经过精确定义的直线和曲线组成的,这些直线和曲线成为向量。其中每一个对象都是独立的个体,它们都有各自的色彩、形状、尺寸和位置坐标等属性。在矢量编辑软件中,可以任意改变每个对象的属性,而不会影响到其他的对象,也不会降低图像的品质。

矢量图的优点是矢量图与像素和分辨率无关,也就是说,可以将矢量图缩放到任意

项目一

Photoshop

简介

尺寸,可以按任意分辨率打印,并且不会丢失细节或降低清晰度。矢量图文件容量小,便于保存和传播。

它的缺点是不易制作色调丰富或色彩变化太多的图像,所以绘制出来的图形不是很逼真,无法像照片一样精确地描写自然界的景物,同时也不易在不同的软件之间交换文件。

制作矢量图的软件有 Macromeida Freehand、Adobe Illustrator、CorelDraw 和 AutoCAD 等;美工插图与工程绘图多半使用向量式软件操作,photoshop 也具备一定的矢量绘图功能。

2. 位图

位图即图像,它是由颜色不同的一个个像素组成的,因此又称为像素图或点阵图。位图质量与分辨率有关,单位面积像素越多,分辨率越高,图像效果就越好。

它的优点是色彩和色调变化丰富,可以比较逼真地反映自然界的景物,同时也容易在不同软件之间交换文件,因此是制作商业招贴画、海报和灯箱广告的主要格式。但它的缺点也很明显,在放大、缩小或者旋转处理后图像会产生失真,同时图像容量较大,需占用较大的内存空间,计算机的处理速度也相对较慢。

常见的位图处理软件有 Adobe Photoshop、Painter、ACDsee、Fireworks 等。

(二)位图的特点

1. 像素

在 photoshop 中,像素是组成图像的最基本单元,它是一个个小矩形的颜色块。我们可以从一幅放大后的位图上清楚地看到像素的存在,如图 1-2 所示。

像素是位图的最小单位,所以像素的大小是固定的,那么一个位图的大小就决定于组成它的像素的多少。图像单位长度的像素数越多,所包含的信息量就越大,图像就越清晰,文件所占的空间也越大。

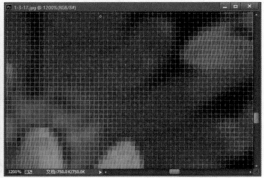

(a)原图　　　　　　　　　　　　　　　(b)放大后位图

图 1-2　构成图像的像素

2. 分辨率

图像的分辨率,指的是位图图像的清晰程度,单位是 PPI(pixels per inch),即每英寸

Photoshop CC 图像设计项目教程·理论篇

所包含的像素数量。

分辨率的高低与图像的大小之间有着密切的关系,分辨率越高,所包含的像素越多,图像的信息量越大,因此文件也就越大。通常文件大小是以千字节(KB)、兆字节(MB)或吉字节(GB)为度量单位的。此外,图像的清晰程度也与像素的总**数有关,像素数目和分辨率**共同决定了打印时图像的大小。

分辨率可分为图像分辨率、显示分辨率和打印分辨率。图像分**辨率决定了图像的精**细程度,是图像的重要指标;显示分辨率是显示器能够达到的显示指标,与图像分辨率无关;打印分辨率代表着打印机设备打印时的精细程度,例如,我们说某台打印机的分辨率为 360 dpi,是指在用该打印机输出图像时,在每英寸打印纸上可以打印出 360 个表征图像输出效果的色点。表示打印机分辨率的这个数越大,表征图像输出效果的色点就越多,输出的图像效果就越精细逼真。

(三)常用的图形图像文件格式

1. 常用图形文件格式

矢量图形所包含的信息,描述了几何对象的位置和属性,在对矢量图形进行缩放、延伸、扭曲变形、改变颜色后,不会出现锯齿,其线条依然平滑。常用的矢量图形文件格式有 AI、CDR、FH、WMF、EPS 等。

(1)AI 该矢量图格式是 Adobe Illustrator 采用的标准矢量图形格式,用于记录不同的线条组成的图像文件,与 PageMaker 之间的兼容性非常好,也可兼容 CorelDraw、Flash 等软件。常用于出版印刷行业,所保存的信息比 WMF 多。

(2)CDR 该矢量图格式是 CorelDraw 专用的矢量图形格式,与其他软件、图形格式的交流不是很好,但有许多独特的性质,保存了 CorelDraw 文件中的全部素材,使得 CDR 文件格式在很多行业中非常流行,应用非常广泛。

(3)FH FH 格式是著名的矢量绘图软件 Macromeida Freehand 的专用文件格式,也是广泛应用于美工排版领域的重要文件格式。

(4)WMF WMF 格式是 Windows 操作系统下标准的矢量图形格式,可在大多数 Windows 系统的文本及美工排版软件中使用。但 WMF 格式在排版软件中,存在分色打印结果不精确、偏色严重的问题,且在非 Windows 系统下,无法被打开。

(5)EPS EPS 格式是一种跨平台的标准格式,是印前系统中功能最强的文件格式,既可以保存矢量图形,也可以保存位图。EPS 格式可以在任何平台及高分辨率输出设备上,输出色彩精确的矢量图形和位图图像,是排版中使用最为频繁的文件格式。可以用文字编辑程序打开,也可以直接载入 Adobe Photoshop 中,自动转为图像文件,使用时非常方便。

2. 常用图像文件格式

不同的图像文件格式在表示图像数据的方式、压缩方法、所支持的软件功能以及应用的领域上都各不相同。因此掌握不同图像文件格式的特点,正确地使用文件格式,对于充分发挥各种文件格式的优势,得到正确的显示或打印效果,就变得十分重要。常用的图像文件格式包括：PSD、JPEG、BMP 、TIFF 、GIF、PNG、PCX、DXF 和 PDF 等。

（1）PSD　位图格式，Photoshop 中自建的标准文件格式就是 PSD 格式，在该软件所支持的各种格式中，PSD 格式存取速度比其他格式快很多，功能也很强大。由于 Photoshop 软件被越来越广泛地使用着，所以这个格式也逐步流行起来。PSD 格式是 Photoshop 的专用格式，里面可以存放图层、通道和蒙版等多种图片信息。

（2）JPEG　位图格式，是一个最有效、最基本的有损压缩格式，被绝大多数的图像处理软件所支持，广泛用于 Web。可以用不同的压缩比例对这种文件进行压缩，其压缩技术十分先进，在视觉感受上影响不大，因此可以用最少的磁盘空间得到较好的图像质量。如果对图像质量要求不高，但又要存储大量图片，使用 JPEG 无疑是一个好办法。但是，如果图像要用于印刷或打印，就不要使用 JPEG 格式了。

（3）BMP　位图格式，该格式最典型的应用程序就是 Windows 的画图程序。BMP 文件几乎不压缩，占用磁盘空间较大，它的颜色存储格式有 1 位、4 位、8 位及 24 位，该格式是当今应用比较广泛的一种格式。缺点是该格式文件比较大，所以只能应用在单机上，不受网络欢迎。

（4）TIFF　位图格式，是 Aldus 在 Mac 初期开发的，目的是使扫描图像标准化。它是跨越 Mac 与 PC 平台最广泛的图像打印格式。TIFF 格式具有图形格式复杂、存储信息多的特点。常用于印刷。3DS、3DS MAX 中的大量贴图就是 TIFF 格式的。TIFF 最大色深为 32 bit，可采用 LZW 无损压缩方案存储，大大减少了图像体积。TIFF 格式最令人激动的功能是可以保存通道，这对于处理图像是非常有用的。

（5）GIF　分为静态 GIF 和动画 GIF 两种，支持透明背景图像，适用于多种操作系统，"体型"很小，网上很多小动画都是 GIF 格式。其实 GIF 是将多幅图像保存为一个图像文件，从而形成动画，所以归根到底 GIF 仍然是图片文件格式。

（6）PNG　矢量图格式，一种新兴的网络图形格式，结合了 GIF 和 JPEG 的优点，具有存储形式丰富的特点。PNG 最大色深为 48 bit，采用无损压缩方案存储。著名的 Macromedia 公司的 Fireworks 默认的格式就是 PNG。PNG 是专门为 Web 创造的，和 GIF 格式不同的是，PNG 格式并不局限于 256 色。

（7）PCX　PCX 格式是 ZSOFT 公司在开发图像处理软件 Paintbrush 时开发的一种格式，存储格式从 1 位到 24 位，它是过压缩的格式，占用磁盘空间较少。由于该格式出现的时间较长，并且具有压缩及全彩色的能力，所以 PCX 格式现在仍然流行。

（8）DXF　三维模型设计软件 AutoCAD 的专用格式，文件小，所绘制的图形尺寸、角度等数据十分准确，是建筑设计的首选。

（9）PDF　PDF 格式是一种灵活的、跨平台、跨应用程序的文件格式。PDF 文件精确地显示并保留字体、页面版式以及矢量图形和位图图像。另外，PDF 文件可以包含电子文档搜索和导航功能。由于具有良好的传输及文件信息保留功能，PDF 文件格式已经成为无纸化办公的首选文件格式，同时由于支持注释和批复功能，对于异地化协同作业也非常有帮助。

 **色彩学基础**

色彩是一种重要的视觉信息,它无时无刻不影响着人们的正常生活。学习和了解色彩学的基本知识,掌握一些实用的色彩理论,是学好图形图像处理、进行平面设计所必需的。

(一)色彩的三要素

色彩种类繁多,通常可以分为三类,一类为无彩色,如白色、灰色和黑色等;第二类为彩色,如红色、绿色、蓝色等;还有一类称为特殊色,如金色、银色等。

色彩的基础属性由色相、饱和度和亮度三个基本属性构成。

1.色相

色相即各种色彩的外貌特征,用于区分各种不同色彩的名称。它是色彩最主要的特征,因而也是区分色彩的主要依据。

2.饱和度

饱和度也称为纯度,指的是色彩的鲜艳或纯净程度,色彩越鲜艳则饱和度越高,越浑浊则饱和度越低。饱和度取决于色彩波长的单一程度,可见光谱中的各种单色光纯度最高。当一种色彩加入黑、白、灰及其他色彩时,纯度就会降低。

3.亮度

亮度主要用来辨别色彩的明暗程度。色彩亮度可以从两个方面分析:一种是各种色相之间的亮度会有所差别,在相同饱和度下,黄色亮度最高,蓝色最低,红色和绿色居中间;另一种是同一色相下因光亮强弱而产生亮度变化。在非彩色中,白色亮度最高,黑色亮度最低,灰色居中。

在 photoshop 中,如果需要调节图像的色相、饱和度和亮度,可以选择菜单:"图像→调整→色相/饱和度"命令(快捷键为"Ctrl+U")来实现。

为了更好地表述色彩概念,需要把色彩的三要素按一定的秩序联系起来,构建一个完整的色彩表述体系。

(二)颜色模式

颜色模式决定了用于显示和打印图像的颜色模型,它决定了计算机及其他显示设备以何种方式来描述和重现各种色彩。

常见的颜色模式有 RGB 模式、CMYK 模式、Lab 模式和其他颜色模式等。颜色模式除了能够确定图像中显示的颜色数量外,还会影响图像的通道数量和文件大小。图像的颜色通道数量取决于其颜色模式。

1.RGB 模式

RGB 色彩模式是工业界的一种颜色标准,是通过对红(R)、绿(G)、蓝(B)三个颜色通道的变化以及它们相互之间的叠加来得到各式各样的颜色。它是目前运用最广的颜色模式之一。

RGB 图像只使用三种颜色,就可以使它们按照不同的比例混合,在屏幕上重现16777216(256 * 256 * 256)种颜色。

2. CMYK 模式

CMYK 模式颜色模式也称作印刷色彩模式,是一种依靠反光的色彩模式,和 RGB 类似,C、M、Y 是 3 种印刷油墨名称的首字母,K 是 BLACK 最后一个字母。它和 RGB 相比有一个很大的不同:RGB 模式是一种发光的色彩模式,CMYK 是一种依靠反光的色彩模式。

只要是在屏幕上显示的图像,就是 RGB 模式表现的。只要是在印刷品上看到的图像,就是 CMYK 模式表现的,如期刊、杂志、报纸、宣传画等,都是印刷出来的。

3. Lab 模式

Lab 模式是一种基于人对颜色的感觉的颜色系统,它是由一个亮度 L 和有关色彩的 a 分量(从绿色到红色)、b 分量(从黄色到蓝色)三个要素组成的。该颜色模式与设备无关,无论使用何种设备,都能生成一致的颜色。该模式具有最宽的色域,它的色域可以包含 RGB 模式和 CMYK 模式中的所有颜色。因此,Lab 颜色模式是 photoshop 在不同颜色模式之间转换时使用的中间颜色模式。

4. 灰度模式

灰度使用黑色调表示物体,即以黑色为基准色,不同的饱和度的黑色来显示灰度图像。每个灰度图像都具有从 0(白色)到 100%(黑色)的亮度值。使用黑白或灰度扫描仪生成的图像通常以灰度显示。

使用灰度模式可以将彩色图像转换为高质量的黑白图稿。将灰度图像转换为 RGB 时,每个对象的颜色值代表对象之前的灰度值。自然界中的大部分物体平均灰度为 18%。在物体的边缘呈现灰度的不连续性,图像分割就是基于这个原理。

5. HSB 模式

在 HSB 模式中,H 表示色相,S 表示饱和度,B 表示亮度。HSB 模式对应的媒介是人眼。HSB 模式中 S 和 B 呈现的数值越高,饱和度和亮度就越高,页面色彩强烈艳丽,对视觉刺激是迅速的、醒目的效果,但不易于长时间观看。H 显示的度是代表在色轮表里某个角度所呈现的色相状态,相对于 S 和 B 来说,意义不大。

6. 索引模式

索引颜色模式是网上和动画中常用的图像模式,该模式最多能使用 256 种颜色。当其他颜色模式的图像转换为索引颜色时,photoshop 将构建一个颜色查找表,用以存放并索引图像中的颜色。如果原图像中的某种颜色没有出现在该表中,则程序将选取最接近的一种,或使用仿色用现有颜色来模拟该颜色。索引颜色通过限制颜色调色板,可减少文件大小并保存足够的视觉品质。

(三)颜色模式的转换

为了能在不同的场合正确输出图像,有时需要把图像从一种模式转换到另一种模式。在 photoshop 中,可以执行"图像→模式"命令,来实现颜色模式之间的转换。这种颜色模式的转换有时会永久性地改变图像中的颜色值。例如,将 RGB 模式图像转换为 CMYK 模式时,CMYK 色域之外的 RGB 颜色值被调整到 CMYK 色域之内,从而缩小了颜色范围。

1. 将彩色模式转换为灰度模式的图像

将各种彩色图像转换为灰度模式时,photoshop 会扔掉原图中所有的颜色信息,而只保留像素的灰度级。灰度模式可作为位图模式和彩色模式间相互转换的中间模式。

2. 将其他模式图像转换为索引颜色模式

将彩色图像转换为索引颜色时,会删除图像中的很多颜色,而仅保留其中的 256 种颜色,只有灰度模式和 RGB 模式的图像可以转换为索引颜色模式。将 RGB 模式的图像转换为索引颜色模式后,文件的大小将明显减小,同时图像的视觉品质也将有所损失。

3. 将 RGB 模式的图像转换为 CMYK 模式

如果将 RGB 模式的图像转换为 CMYK 模式,由于两者的色域不同,因此图像中的颜色必然有所损失。如果图像是 RGB 模式的,最好先在 RGB 模式下编辑,然后再转换成 CMYK 图像。

4. 利用 Lab 模式进行模式转换

在 photoshop 所能使用的颜色模式中,Lab 模式的色域最宽,它包括 RGB 和 CMYK 色域中的所有颜色。所以使用 Lab 模式进行转换时不会造成任何颜色上的损失。Photoshop 便是以 Lab 模式作为内部转换模式来完成不同颜色模式之间的转换。

 三　PhotoshopCC 的工作界面

Photoshop CC 的工作界面如图 1-3 所示,它的界面大致可分为六个部分:菜单栏、工具箱、属性栏、图像窗口、面板、状态栏。

1. 菜单栏

Photoshop CC 将所有命令分类后,分别放在 10 个菜单中,它们是文件、编辑、图像、图层、类型、选择、滤镜、视图、窗口、帮助。

2. 工具箱

位于整个窗口的左侧,共有 22 个用于图像加工或处理的工具或工具组,它们都以按钮的形式列在其中,在每个工具组中又包含了多种工具,所有工具箱里的工具共计七十多种。

3. 属性栏

位于菜单栏的下方,该控制栏显示了当前所选工具的相关信息,它会随着用户所选工具的变化而变化。另外,同一种工具,如果所设置的属性栏的信息不同,那么所显示的效果也不一样。

4.图像窗口

这是进行工作的主要区域,用于显示正在处理的图像的内容,左上方是图像窗口的名称栏,在这里可以对图像窗口进行多种操作。

5.面板

位于窗口的右侧,用于图像及其应用工具的属性显示与参数设置等,帮助监控和修改图像。是 Photoshop 非常重要的组成部分。

6.状态栏

位于窗口的最下方,显示了当前图像窗口的显示比例、文件的大小等信息。

图 1-3　Photoshop CC 工作界面

四　PhotoshopCC 的基本操作

正确安装 Photoshop CC 后,单击 Windows 桌面任务栏上的"开始"按钮,在弹出的"开始"菜单中选中"所有程序→Adobe Photoshop CC"命令,即可启动该软件。

(一)文件的管理

启动软件后,在窗口中,除了显示菜单、工具箱和控制面板外,Photoshop 的桌面是一片黑色。这时,需要新建一个图像文件或者打开一个旧文件,进行图像的编辑与修改。这些操作都在文件菜单命令下进行。

1. 新建文件

使用快捷键"Ctrl+N",如图1-4所示。

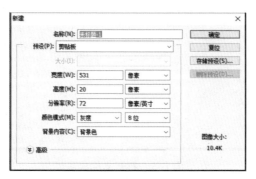

图1-4　新建文件界面

（1）名称　用于输入新文件的文件名。如果不输入,则系统默认文件名为"未标题-1",如果连续新建多个新文件,那么新文件名就会按照先后顺序分别为"未标题-2""未标题-3",等等。

（2）大小　辅助设置纸张大小。

（3）预设　在该选项组中可以设置新文件的尺寸(包括宽度和高度),设置时可以通过键盘直接输入数字,也可以用鼠标单击右边的小三角,从弹出的下拉菜单中进行选择。注意:在使用键盘直接输入宽度和高度时,一定先确定所用单位,如像素、厘米、毫米、英寸、点、派卡和列。

（4）分辨率　设置该图像文件的分辨率。数字可以使用键盘直接输入,单位可以从右边的小三角处选择;如果不输入数字,系统会默认为72像素/英寸。

（5）颜色模式　在颜色模式选项中,系统给定几个选项让从中选择。单击模式右侧的小三角就会出现颜色模式的下拉菜单:位图、灰度、RGB颜色、CMYK颜色和Lab颜色。一般情况下选择RGB颜色。

（6）背景内容　用于设定新文件的背景颜色,从中可以选择白色、背景色或透明。一般选择白色,这样所建立的文件的背景(画布)颜色就为白色,如果选择"背景色"那么所建立的文件的画布颜色就与工具箱中背景颜色块儿颜色相同。

（7）高级　可以对当前建立的文件进行更细致更高级的设置,主要设置颜色配置文件和像素长宽比。

2. 打开文件

使用快捷键"Ctrl+O",或者在图像文件图标处双击。如图1-5所示。

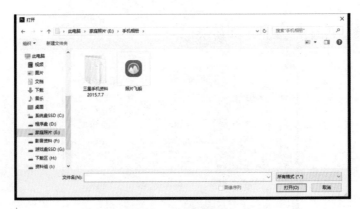

图1-5 打开文件界面

3.保存文件

使用快捷键"Ctrl+S"。另存文件：使用快捷键"Shift+Ctrl+S"，如图1-6所示。

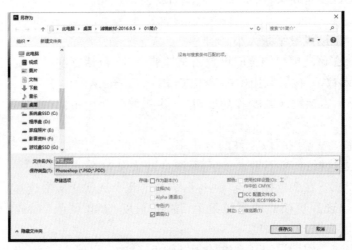

图1-6 另存文件界面

（1）文件名 在文本框中输入保存文件的名称。

（2）格式 在"格式"的下拉列表中选择文件要保存的格式。前面介绍过，Photoshop支持20多种文件格式，保存成什么格式要根据需要而定。

提示：执行"文件 → 存储为 Web 和设备所用格式"，能将图像进行进一步的优化和切割。更加方便网络传输和一些设备的显示。

4.关闭图像窗口

使用快捷键"Ctrl+W"或者"Ctrl+F4"。

(二)图像窗口控制

在 Photoshop CC 中,所以窗口的设置均在菜单中"窗口→排列"命令中,在工作中,我们可以按照自己的喜好随意地更换窗口的排列设置,如图 1-7 所示。

图 1-7　窗口排列设置

通常为了作图的方便,我们习惯将所有文件"层叠"的形式排在 Photoshop CC 的桌面中,这样多个窗口进行切换就可以使用任务栏,也可使用快捷键"Ctrl+Tab"来实现。若使用快捷键进行窗口的切换,可按"Ctrl+Tab"键或"Ctrl+F6"键切换到下一个图像窗口,按"Ctrl+Shift+F6"键则可以切换到上一个图像窗口。平铺效果如图 1-8 所示。

图 1-8　平铺效果

在 Photoshop CC 中有三种不同的屏幕显示模式:普通模式、全屏幕显示模式和黑底模式,我们可以使用快捷键 F 来进行切换,以查看图像文件的效果。

有时为了节省 Photoshop CC 的桌面空间,通常会按 TAB 键或"Shift+Tab"键来显示或隐藏工具箱和控制面板。

(三)图像编辑的辅助工具

Photoshop CC 提供了很多辅助工具,为我们编辑图像提供了很大的方便,也提高了工作效率。

1. 标尺

选择"视图→标尺"命令,或者按下"Ctrl+R"组合键,可在图像窗口中显示或隐藏标尺。如图 1-9 所示,在标尺上单击鼠标右键,在弹出的快捷菜单中可以选择更改标尺的单位。

图 1-9　标尺

2. 参考线

当我们精确构图时,需要打开参考线,它是浮动在图像上的直线,不会被打印出来。如图 1-10 所示,可以用鼠标直接在标尺上拖动出来参考线,也可以选择"视图→新建参考线"命令,打开如图 1-11 所示对话框,创建参考线。

(1)选择"视图→显示→参考线"命令或者按下"Ctrl+:"组合键,可隐藏参考线,再次选择此命令,以前设置的参考线会重新出现。

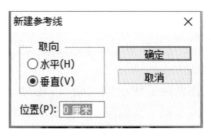

图 1-10　参考线　　　　　　　　　　图 1-11　新建参考线

（2）要移动参考线,需选择移动工具 ，然后拖动参考线。

（3）为了防止意外移动参考线,可执行"视图→锁定参考线"命令锁定参考线。再次选择此命令,可以取消锁定。

（4）执行"视图→清除参考线"命令,则不保留以前设置的参考线信息。

3. 网格

在图像中显示网格能帮助用户准确定位,方便对图像的修改和编辑。选择"视图→显示→网格",可以显示或隐藏网格线,如图 1-12 所示。

图 1-12　网格

（四）显示控制区域

在制作图像时，为了便于编辑操作，可以将一幅图像的显示放大数倍后，进行填充或绘制图形等操作。当图像的显示放大后，窗口将不能完整显示，因此，需要配合放大镜、移动工具、抓手工具来进行操作。

值得注意的是，图像的显示比例，是指图像的每一个像素与屏幕上一个光点的比例关系，而不是与图像实际尺寸的比例。改变图像的显示比例并不会改变图像的分辨率和图像尺寸的大小。

放大图像除了使用放大镜外，还可以使用快捷键"Ctrl+Space+单击"；若按"Alt+Space+单击"，则可实现缩小图像显示比例。

图像放大和缩小后，可双击放大镜工具按钮，使图像以100%比例显示。

使用任何工具的情况下，按下空格键，则光标在图像窗口中显示为抓手工具，此时可以进行图像移动。

小结

通过本章的学习，读者可以了解一些图像处理的基本知识，熟知 Photoshop CC 的界面；能够快捷有效地对 photoshop 的窗口进行控制，进而简化操作的步骤，加快图像处理的速度。

实训练习

1. 熟知 Photoshop CC 的新界面，以及图像的印前准备等工作。

2. 位图与矢量图主要有哪些区别？

3. 什么叫图像分辨率？

4. 熟练应用图像窗口的控制，例如熟知屏幕的显示模式、移动显示区域的方法等。

项目二
选区的操作及应用

世界这么大,我想去看看,我想去海边吹吹风,留下我与海的倩影;我想去珠穆朗玛峰,攀登最高处,照一组令人刮目的探险照;我想去国外,逛逛好莱坞、拥抱一下埃菲尔铁塔……如果你还没有做好充分的准备去实现梦想,那么PS选区可带你提前圆了你的梦。

项目导读

在使用Photoshop编辑或处理图像时,在很多情况下只对图像的某个部分操作,所以首先要选择操作的范围,这便是选取区域,简称选区。选区的建立和使用是非常重要的内容。一旦建立了选区,那么我们进行的各种操作,只对选取范围内的部分有效,如果没有选取范围,则会对整个图像有效,相当于全选后执行操作的效果。

学习目标

1.掌握选区的创建操作。掌握"选取工具的使用""选取工具的属性栏设置""选区的创建与编辑"等。

2.使用选取工具进行抠图、换背景操作。

3.重点学会快速选择工具的使用与技巧、选区的编辑等。

 **任务1 制作美丽孔雀公主**

 任务目标

利用套索工具、快速选择工具等创建选区,然后进行抠图,最后实现与背景图片合成。素材见图2-1-1、2-1-2,效果如图2-1-3所示。

图 2-1-1　素材 1

图 2-1-2　素材 2

图 2-1-3　合成效果

Photoshop CC

图像设计项目教程·理论篇

二　任务实施

步骤1:打开"项目二选区\孔雀公主"中的相关素材。

步骤2:针对素材2,使用套索工具、魔棒工具或者快速选择工具,创建选区,如图2-1-4所示。

步骤3:执行"选择→修改→羽化"命令,打开羽化对话框,设置羽化参数,如图2-1-5所示,单击"确定"按钮。

步骤4:依次执行"编辑→拷贝(Ctrl+C)""编辑→粘贴(Ctrl+V)",对选区内的对象进行复制粘贴,得到如图2-1-6所示的抠图效果。

图2-1-4　套索工具　　　　　图2-1-5　羽化　　　　　图2-1-6　抠图效果

步骤5:将抠图得到的美女移动到素材1(见图2-1-1)中,调整大小和位置,最后得到最终效果。

三　相关知识点

(一)制作分析

本任务的关键在于灵活掌握选取工具的使用,采用选区方法进行抠图,要根据图片的色彩信息选择合适的工具,有时候可以配合多种工具共同完成创建理想的选区。每种选取工具都有相应的属性栏,属性栏的设置对选区的创建也有很大的作用。

(二)相关知识

1.矩形选框工具组

矩形选框工具组包括:矩形选框工具、椭圆选框工具、单行和单列选框工具,如图2-

项目二　选区的操作及应用

1-7 所示。

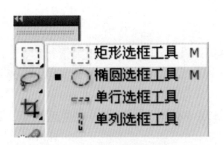

图 2-1-7　矩形选框工具组

（1）矩形选框工具

选中该工具，把鼠标放在绘图窗口的适当位置，然后拖动，就会建立一个沿拖动方向为对角线的矩形选区，如果要创建一个正方形选区，只需在拖动的同时按住键盘上的"Shift"键即可。

• 属性栏：矩形选框工具的属性栏如图 2-1-8 所示。矩形选框工具的属性栏有五个可设置项：运算方式、羽化边缘、样式设置、长宽设置、调整边缘。

图 2-1-8　矩形选框工具属性栏

• 运算方式：从左到右分别是新选区运算方式、添加到选区、从选区减去、与选区交叉。新选区方式下用户只能保留一个选区存在；添加到选区方式下，可以允许多个选区同时存在；从选区中减去方式，在有选区存在的情况下，随着新选区的产生，会使选区越来越小；与选区交叉方式，必须使得新选区与原有选区有交叉才可以，否则，选区消失。观察图 2-1-9，结合运算方式设置。

图 2-1-9　运算方式

• 羽化边缘：选取范围边缘的羽化设置 [羽化：0像素] ，可以将选取范围边缘羽化，需要注意的是：如果要使得创建出的选区直接具有羽化效果，必须在创建选区之前首先在工具属性栏中设置羽化的参数。羽化参数值是有范围限定的，介于 0 ~ 250 之间。羽化值的大小决定了羽化的程度，值越大，羽化效果越明显。如图 2-1-10 所示的羽化效果随着参数的变化而变化。

图 2-1-10　羽化效果

● 样式设置:样式下拉菜单中包括三种选项:正常、固定长宽比、固定大小。

正常方式下,宽度和高度选项是灰色无效命令。也就是宽度和高度不受任何限制,用户可以根据需要随意绘制出各种各样的矩形选区。

固定长宽比方式下可以事先设定一下选区的宽度和高度的比例。在该方式下,宽度和高度选项变为黑色有效选项,此时可以在宽度和高度的文本框中输入比例数字。比如用矩形选框工具得到多个宽高比为 3∶1 的选区操作:首先,选择样式下拉菜单中的样式为固定长宽比样式,然后在宽度框中输入 3,在高度框中输入 1,设置完毕用矩形选框工具绘制矩形选区时,无论怎样绘制,绘制出的矩形选区的长宽比都是 3∶1,如图 2-1-11 所示。

固定尺寸方式下,可以事先设置好所需矩形的宽度和高度的具体数值,在该方式下,高度和宽度选项也是有效的,在其中输入数字即可,注意此时的宽度和高度是有单位的,默认宽度和高度都为 64 像素。比如用矩形选框工具得到多个宽为 100 像素,高为 200 像素的选区:首先在样式下拉菜单中选择固定尺寸方式,然后在宽文本框中输入 100,在高文本框中输入 200,这时使用矩形工具无论绘制多少个矩形,则它们都是全等的,如图 2-1-12 所示。

图 2-1-11　设置固定比例绘制矩形　　　图 2-1-12　选择固定尺寸方式绘制矩形

● 调整边缘:对于创建好的选区如果想有更多的调整,可以单击调整边缘按钮,打开调整边缘的对话框,对其中的每一个参数进行设置,都会对选区产生效果,如图2-1-13所示和2-1-14所示。

图2-1-13　设置调整边缘

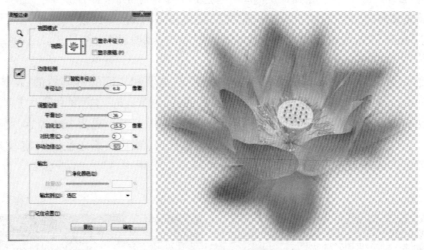

图2-1-14　调整边缘效果

（2）椭圆选框工具　椭圆选框工具的使用方法与矩形选框工具使用方法相似,如果要创建一个正圆形选区,只需在拖动的同时按住键盘上的"Shift"键即可。

（3）单行选框工具和单列选框工具　单行和单列选框工具建立选区很简单,选中该工具后只需在适当位置单击一下,即可完成选区的建立。如图2-1-15所示,它们是一条贯穿整个画面的只有1像素宽的水平或垂直选区。

图 2-1-15　单行选框工具和单列选框工具

2. 套索工具组

套索选取工具在 Photoshop 中是一组比较灵活有效的选取工具,它包括三种套索选取工具:套索工具、多边形套索工具和磁性套索工具,如图 2-1-16 所示。在绘图窗口中拖拽套索工具,可以选择图像中任意形状的部分,该工具组使用方便,技巧性最强的是磁性套索工具,这里只介绍磁性套索工具的使用方法。

图 2-1-16　套索工具组

磁性套索工具的使用方法是按住鼠标在图像中不同对比度区域的交界附近拖拽,Photoshop 会自动将选区边界吸附到交界上,当鼠标回到起始点时,磁性套索工具的小图标的右下角也会出现一个小圆圈,这时松开鼠标就可形成一个封闭的选区。磁性套索工具的属性栏如图 2-1-17 所示,其中最关键的是频率,它对磁性套索工具在定义选区边界时产生的定位点的多少起着决定性的作用。可以在 0 ~ 100 之间任选一数值输入,其默认值为 57,数值越高定位点就越密集,如图 2-1-18 所示。

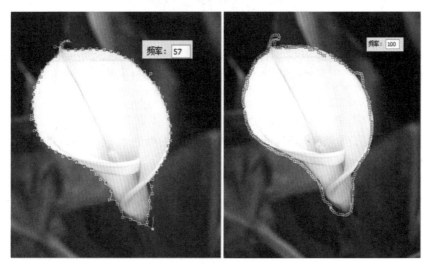

图 2-1-17　磁性套索工具属性栏

图 2-1-18　磁性套索工具定位点设置

项目二　选区的操作及应用

3.快速选择工具组

快速选择工具组共有2种工具,分别快速选择工具和魔棒工具,如图2-1-19所示。

图2-1-19　快速选择组

(1)魔棒工具　魔棒工具是一个特殊的选取工具,它是根据图像中相邻像素的颜色相似程度来确定选区的选取工具。在使用魔棒工具时,Photoshop首先确定相邻近的像素是否在同一颜色范围容许值之内,这个容许值可在魔棒属性栏(如图2-1-20所示)中定义。所有在容许值范围内的像素都会被选在选区内。魔棒工具使用方法很简单,只要在所需选择的部位单击就可创建一个选区。

图2-1-20　魔棒工具设置

这里需要介绍一下魔棒属性栏中两个重要参数的含义:

●容差:容差值的范围在0~255之间,默认值为32。输入的容差值越低,则所选取的像素颜色和所单击的那一个像素颜色越相近,可选颜色的范围越小。反之,可选颜色的范围越大,如图2-1-21所示(在不同容差值下,用魔棒单击同一处所选范围比较)。

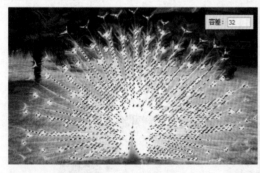

图2-1-21　改变容差值前后效果对比

●连续:复选项选中后作用是只允许选取与指定像素相连接部分的像素范围,如果用户取消连续的复选项,魔棒工具能够将整个画面中颜色相同或相近的像素都进行选取,如图2-1-22所示。

Photoshop CC
图像设计项目教程·理论篇

图 2-1-22　连续复选项的作用

（2）快速选择工具　快速选择工具的功能及操作原理类似于魔棒工具,快速选择工具的使用方法是基于画笔模式的。也就是说,可以"画"出所需的选区,如图 2-1-23 所示。如果是选取离边缘比较远的较大区域,就要使用大一些的画笔;如果是要选取边缘较小的区域则换成小尺寸的画笔,这样才能快速高效的选取。快速选择工具是智能的,它比魔棒工具更加直观和准确。不需要在要选取的整个区域中涂画,快速选择工具会自动调整所涂画的选区大小,并寻找到边缘使其与选区分离。

提示:如果多选了区域,只需要将画笔大小调小一些,然后按住 Alt 键再用快速选择工具去"画"一下这些区域就可以了,如图 2-1-24 所示。

图 2-1-23　快速选择工具"涂画"选区

图 2-1-24　快速选择工具减去多余选区

四 举一反三

实训 1　利用选取工具,选取对象,然后进行抠图、换背景从而制作出神龟双游图。

打开"项目二选区\神龟双游"中的相关素材,见图2-1-25、图2-1-26,效果如图2-1-27所示。

图 2-1-25　素材 1

图 2-1-26　素材 2

图 2-1-27　神龟双游效果图

提示:针对本实训,采用魔棒工具抠图最为高效快捷,在图像换背景后,为了增加乌龟在水中的真实感,可以设置一下图层的不透明度。

实训 2　利用选取工具创建选区,然后将一个小女孩的图片用"贴入命令"贴入选区内,从而制作出荷花仙子的效果。

Photoshop CC 图像设计项目教程·理论篇

打开"项目二选区\花仙子"中的相关素材,见图2-1-28、图2-1-29,效果如图2-1-30所示。

图2-1-28　素材1

图2-1-29　素材2

图2-1-30　花仙子效果图

提示:针对本实训,采用快速选择工具选择荷花中一部分,如图2-1-31所示。然后针对小女孩的素材进行全选如图2-1-32所示,最后复制。

图 2-1-31　选择荷花　　　　　　　　　　图 2-1-32　全选小女孩素材

回到荷花素材中执行"编辑→选择性粘贴→贴入（Alt+Ctrl+Shift+V）"，贴入后可以适当调整大小和位置即可。

 **珠穆朗玛峰的约会**

 任务目标

利用色彩范围命令，对图像中的人物进行选择，然后抠图，换背景，得到人在珠穆朗玛峰最高处的梦幻景象。素材见图 2-2-1、2-2-2，效果如图 2-2-3 所示。

图 2-2-1　素材 1　　　　　　　　　　图 2-2-2　素材 2

图2-2-3　效果图

二　任务实施

　　步骤1:打开"项目二选区\珠穆朗玛"中的相关素材。

　　步骤2:针对素材2执行"选择→色彩范围"命令,打开色彩范围对话框,设置相关参数,如图2-2-4所示,单击确定,得到2-2-5所示的选区。

图2-2-4　色彩范围设置

图2-2-5　得到选区

步骤3:将选区内的图像进行抠图,效果如图2-2-6所示。

图2-2-6　抠图

步骤4:将抠出的图像复制粘贴到素材1中,进行调整大小和位置,得到最终效果。

 三　相关知识点

（一）制作分析

本任务是使用色彩范围命令的方法创建选区,然后实现抠图换背过程。色彩范围命令在创建选区的过程中相对比较复杂,可以选择一种颜色,也可以选择多种颜色创建选区。

（二）相关知识

1. 使用色彩范围命令选择一种颜色

色彩范围命令是一种比较精密的选取命令,它可以选取图像中与指定色彩相同的像素,功能类似魔棒工具,但是要比魔棒工具灵活,因为它可以轻松地指定某种色彩并调整范围的大小。这个命令还可以在已有的选取范围中进行规定色彩范围的选取,这是其他选取工具和命令无法实现的,该命令的使用方法如下:

（1）首先打开一幅图片如图2-2-7所示。

（2）执行"选择→色彩范围"命令,弹出如图2-2-8所示的对话框。

（3）用鼠标单击图2-2-7中的花的任意一处,然后单击"确定"按钮即可得到相应的选区,如图2-2-9所示。

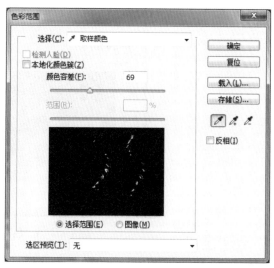

图2-2-7　原图素材

图2-2-8　色彩范围设置

图2-2-9　选取效果

色彩范围对话框中几处参数的含义:

●选择:色彩范围选取默认的形式是使用吸管工具在图像中取样得到一个指定的颜色,然后选取图像中和指定颜色相同的颜色,同时色彩范围对话框的选择下拉菜单中还提供了内置颜色选项、明暗对比选项,用户可以利用内置的标准颜色进行选取,也可以利用图像的高光、中间调和暗调等进行选取。

●颜色容差:该项的设置方法与功能同魔棒工具属性栏中的容差选项相似。其默认容差值为40,最大可以到200,容差值越大,所选范围也就越大。

●对话框预览窗口:在预览窗口的下面有两个按钮,决定预览窗口中所显示的内容。

默认情况下为选择范围预览,此种方式下在预览窗口中只显示所选颜色区域的图像并且以黑白图像显示。如果选择图像预览,则在预览窗口中会显示整个图像,而且是彩色显示,如图2-2-10所示。

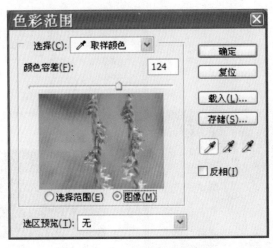

图2-2-10　色彩范围对话框

- 载入与存储:在 Photoshop 中所建立的选区可以保存起来,供下次载入使用。
- 几个工具按钮:在预览窗口的右侧有三个类似吸管工具的按钮,如图2-2-11所示。它们分别代表吸管工具、添加到取样和从取样中减去。在默认情况下为吸管工具,用于选择图像窗口中的某种颜色。如果已经用吸管工具选择了一种颜色,想再选择一种或多种颜色那就使用"添加到取样"工具,如果想把某种颜色去掉就使用"从取样中减去"工具。

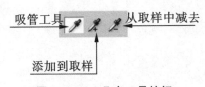

图2-2-11　几个工具按钮

2. 使用色彩范围命令选择多种颜色

选择多种颜色与选择一种颜色的方法区别在于,借用添加到取样吸管 ,在图片上依次单击需要选择的颜色即可,例如在图2-2-12所示的图片中,首先在白色花瓣的任意处单击,然后再单击黄色花心的任意处,结果选区如图2-2-13所示。

图 2-2-12　原图素材　　　　　　　　图 2-2-13　取样效果

四　举一反三

实训 1　利用色彩范围命令选择图片中的花朵,然后把花朵抠出,变换一种颜色。素材见图 2-2-14,效果如图 2-2-15、2-2-16 所示。

图 2-2-14　素材　　　　　　图 2-2-15　效果图一　　　　　　图 2-2-16　效果图二

　　提示:对于此图中的花朵,采用色彩范围命令是最快捷精确的,抠出花朵后,针对花朵部分执行"图像→调整→可选颜色"命令,打开可选颜色对话框,如图 2-2-17 所示,进行参数设置,得到所需效果。

图 2-2-17　"可选颜色"对话框

实训 2　借助色彩范围命令选择莲花瓣,适当对选区进行平滑、羽化操作,然后变换一种颜色。

素材见 2-2-18,效果如图 2-2-19 所示。

图 2-2-18　素材图

图 2-2-19　效果图

 **任务3　照片中的照片**

 **任务目标**

利用矩形选框工具创建选区,然后针对选区进行编辑,编辑后对选区内的图像进行

粘贴复制,最后通过图层效果以及滤镜处理,得到照片中的照片效果。素材见图 2-3-1,
效果如图 2-3-2 所示。

图 2-3-1 原图素材

图 2-3-2 效果图

 任务实施

步骤 1:打开"项目二选区\照片中的照片"的素材。

步骤 2:选择选框工具在素材图片上创建一个矩形选区,选择合适的图像,如图 2-3-
3 所示。

步骤 3:执行"选择→变换选区"命令,使得选区处于变换编辑状态,把鼠标放在编辑
框的四角,进行旋转缩放,得到变换编辑后的选区,如图 2-3-4 所示,然后单击回车键退
出选区编辑状态。

图 2-3-3　矩形选区　　　　　　　　　　图 2-3-4　变换选区

步骤 4：执行"编辑→复制"和"编辑→粘贴"命令，将选区内的图像复制到一个新的图层（图层 1），如图 2-3-5，和 2-3-6 所示。

图 2-3-5　复制新图层　　　　　　　　　图 2-3-6　图层示意

步骤5:确保图层1选中,按住 Ctrl 键,然后用鼠标单击图层1的预览窗口载入选区,如图 2-3-7 所示,然后执行"编辑→描边"命令,打开描边对话框,设置参数,如图 2-3-8 所示,单击确定,得到如图 2-3-9 所示的照片描边效果。

图 2-3-7 载入选区

图 2-3-8 描边设置

步骤6:对图层1执行"图层→图层样式→投影"命令,打开图层样式对话框,设置相关参数,如图 2-3-10 所示,单击确定得到如图 2-3-11 所示的效果。

图 2-3-9 描边效果

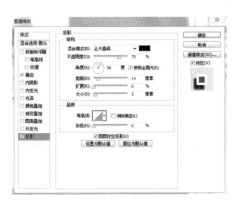

图 2-3-10 "投影"设置

步骤7:选中背景层,执行"滤镜→模糊→径向模糊"命令,打开径向模糊对话框,设置相关参数,如图2-3-12所示,单击确定,"照片中的照片"制作结束。

图2-3-11 "投影"效果

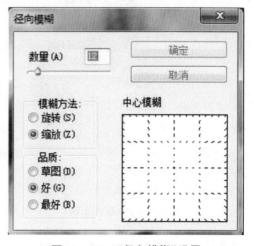

图2-3-12 "径向模糊"设置

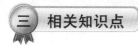

三 相关知识点

(一)制作分析

针对本任务,除了要运用矩形选框工具创建矩形选区外,还需要掌握选区的变换、编辑、描边、选区存储和载入等知识。

(二)相关知识

1.选区的编辑

选区的编辑也很重要,例如对选区的旋转、移动、缩放等,这些编辑的实现可以借助于选择菜单中的命令如图2-3-13所示。其中的命令很多,这里重点介绍几种常用的命令。

(1)取消选择 "取消选择"命令用于把当前不需要的选区取消,该命令使用频率非常高。该命令有效的前提是当前图像窗口有选区存在。执行"选择→取消选择"命令或按

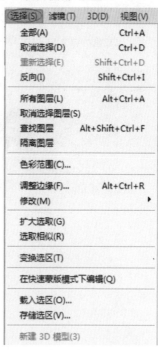

图2-3-13 选择菜单命令

住"Ctrl+D"键,就可以将当前的选区取消。

（2）反向选择　反向选取命令,用于选取当前选取范围之外的区域。该命令使用的前提也是当前必须有选区存在。执行"选择→反向"命令或按住"Ctrl+Shift+I"键,可以使当前的选区反向选择,如图2-3-14所示。

图2-3-14　反向选择示意

（3）变换选区　变换选区与变换图像不是一回事,该命令变换选区只对已有的选区进行变换,比如扩大、缩小、旋转、扭曲等,对选中的图像没有影响。

①用"变换选区命令"对选区进行粗略编辑:首先创建一个选区,如图2-3-15所示;执行"选择→变换选区"命令,选区的周围出现框架和控制点(共有8个),移动鼠标,随着鼠标位置的变化,光标的形状也发生变化(在不同的位置随时都会发生改变),提示当前可以进行的变换,如图2-3-16所示;把鼠标放在8个控制点任意一个,可以对选区进行随意变换,如图2-3-17是将鼠标放在左上的控制点向内拖动后的效果。

图2-3-15　创建一个选区　　图2-3-16　执行变换选区命令　　图2-3-17　变换后的效果

②用"变换选区属性栏"对选区进行精确编辑:在上一个操作中执行"选择→变换选区"命令以后,菜单栏下出现如图2-3-18所示的变换选区属性栏,使用该属性栏可以对选区进行精确变换。

X: 208.50像素　Y: 229.00像素　W: 100.00%　H: 100.00%　△ 0.00　度　H: 0.00　度　V: 0.00　度　插值: 两次立方

图2-3-18　变换选区属性栏

● X,△,Y:用于确定参考点位置,根据需要在 X、Y 的文本框中输入数字即可。

● W,H:用于水平和垂直缩放,如果在 W 和 H 中都输入50%那么会使选区在水平方向上和垂直方向上都缩小一倍。

● △:用于旋转角度,对整个选区进行操作。比如输入90,那么选区就会顺时针旋转90°,如果输入180,那么选区就会水平翻转,实际上旋转角度可以是−180.0 ~ 180.0 之间的任意数。

● ∨:水平斜切和垂直斜切,在水平方向和垂直方向偏移角度。数值可以是−180.0 ~ 180.0,在以上所有文本框中,一次可以输入一个,也可以输入多个。

③用"变换选区"命令和鼠标拖动法对选区进行随意变换:在实际操作中,很多情况下不需要精确变换,这样我们也就不需在变换选项控制栏的文本框中输入数字。直接用鼠标实现所有的变换。一旦执行了"选择→变换选区"命令选区周围就会出现带控制柄的框架,中间有一个参考点,在进行变换时,均以此参考点为中心。拖动该点,可改变参考点的位置。参考点的位置确定下来,用鼠标就可以轻松实现以下操作。

● 移动选区:把鼠标放在参考点附近,当鼠标变成 标志时,移动鼠标,则此时选区也会随着鼠标移动,如图2-3-19左图所示。

● 选区旋转:把鼠标放在框架角处的控制柄上,当鼠标变成 标志时,按住鼠标左键滑动即可。

● 缩放选区:把鼠标放在框架角处的控制柄上,当鼠标变成 标志时,按住鼠标左键向外拉使选区变大,向里拉使选区缩小。

● 选区斜切:把鼠标放在框架上的中间位置的制柄上,按住键盘上的 Ctrl 键,当鼠标变成 标志时,按住鼠标左键拖动即可。另外,可以把鼠标放在任一控制柄上,按住键盘上的 Ctrl 键,当鼠标变成 标志时,按住鼠标左键任意拖动可以把选区任意变形。如图2-3-19右图所示。

移动选区　　　　　　水平斜切　　　　　　垂直斜切　　　　　　自由变形

图 2-3-19　利用鼠标使选区自由变换

④用"变换选区"命令和鼠标拖动法对选区进行特殊变形:当需要将选区进行一些特殊变形时,可以单击图2-3-18所示的"切换自由变换与扭曲"模式按钮,此时,变换选区属性栏变成如图2-3-20所示的效果,在其中的变形下拉菜单中选择"扇形",则选区变成如图2-3-21所示的效果。

图 2-3-20　选区特殊变形属性栏

图 2-3-21　扇形选区示意

（4）修改选区　如果执行"选择→修改"命令,会弹出子命令,在其中可以对选区进行边界、平滑、扩展、收缩、羽化操作,其中羽化效果在前面已经讲述,其他几种效果请读者自己动手操作。

2.选区的存储与载入

有时用户精心地创建了一个选取范围,并希望在以后的操作中能够继续应用,但又不影响其他操作,可以将选取范围保存起来,当需要的时候再把它载入即可,也就是本节所要讲的选区的保存与载入。

（1）选区的存储　具体操作方法为:首先打开一幅图片,创建一个选区如图 2-3-22 所示;执行"选择→保存选区"命令打开如图 2-3-23 所示的对话框,在名称栏给选区取一个名字——头饰,单击"确定"按钮,完成存储选区操作。

（2）选区的载入　如果再次使用"头饰"这个选区,我们可以执行"选择→ 载入选区"命令,打开如图 2-3-24 所示的对话框,在通道栏处选择"头饰"即可把之前保存名为"头饰"的选区重新载入，如图 2-3-25 所示。

图 2-3-22　选区示意

图 2-3-23　存储选区

图 2-3-24　载入选区设置

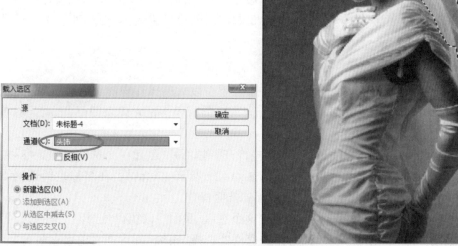

图 2-3-25　重新载入示意

Photoshop CC 图像设计项目教程·理论篇

举一反三

　　实训　利用相关工具创建选区,然后进行选区的羽化、编辑、图像的合成等制作出花心女孩儿效果。

　　素材见图2-3-26、图2-3-27,效果如图2-3-28所示。

图2-3-26　素材1

图2-3-27　素材2

图2-3-28　效果图

五 课外拓展

拓展任务1——花草春雪图

【拓展目标】 学习使用选取工具和相关命令进行图像处理。

【知识要点】 灵活使用选取工具和相关选取命令,进行选区的创建与填充,素材见图 2-3-29,效果如图 2-3-30 所示。

图 2-3-29 素材图

图 2-3-30 效果图

拓展任务2——烧坏的古画

【拓展目标】 学习使用选取工具和相关命令进行图像处理。

【知识要点】 灵活使用选取工具和相关选取命令,进行选区的创建、选区的描边、填充最终完成烧坏的古画效果。素材见图 2-3-31,效果如图 2-3-32 所示。

图 2-3-31 素材图

图 2-3-32 效果图

项目三

图像的编辑

寻找生命的真谛,发现每张图片是如此千姿百态、千变万化,一嫣一笑都充满动人的美!是什么闪亮了你的眼睛,是什么美化了你的世界……让我们一起进入 Photoshop CC 图像编辑的世界……

项目导读

学习选区创建及编辑后,再介绍一些常用的图像编辑方法,如图像的移动、复制、变形、还原、调整大小,以及操作的重复与撤销等知识。Photoshop CC 提供了大量的图像编辑命令,熟练掌握编辑操作是图像处理中最基本的要求。

学习目标

1.掌握图像的操作。练习"查看""移动""复制"等命令的使用方法以及透视效果的运用。在制作过程中,应注意图像变形网格的调整,使图像符合主体物的形态及透视效果,使贴图更为逼真。

2.重点掌握自由变换图像。

任务1 **为白瓷瓶添加图案**

一 任务目标

利用"复制""移动""变形"等命令,为白花瓶添加图案。素材见图 3-1、3-2,效果如图 3-3 所示。

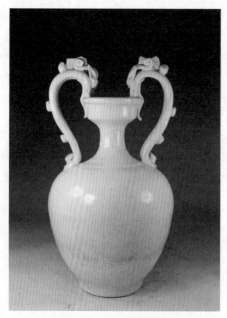

图 3-1 素材 1

图 3-2 素材 2

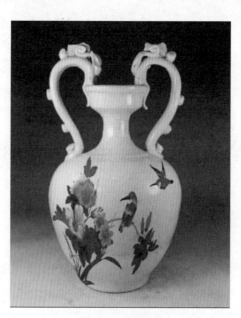

图 3-3 效果图

二 任务实施

步骤 1:打开"项目三图像的编辑\任务 1 为白瓷瓶添加图案素材\图 3-1.JPG 和图

3-2.JPG"文件。

    利用移动工具将图案拖拽到白瓷瓶图像中,如图3-4所示。为了方便以下的操作,我们在此将"图层"调板中将图案的透明度设置为55%,如图3-5所示,这时图案就呈现半透明状态,如图3-6所示,方便变形。

图3-4 移动图像   图3-5 图层调板   图3-6 图案半透明状态示意

    步骤2:按下"Ctrl+T"组合键,则在图案的四周显示自由变换框,按住Shift键,拖动控制点变形框的拐角控制点,成比例缩小图案接近白瓷瓶肚大小,如图3-7所示。

    步骤3:在变形中单击右键,如图3-8所示,在打开的快捷菜单中选择"变形",此时,变形框变成图3-9所示的变形网格。

图3-7 自由变换框   图3-8 "变形"快捷菜单   图3-9 变形网格

    步骤4:将光标移动到变形网络触点位置上,按下鼠标并拖动,可改变控制点的位置,如图3-10所示。将光标移动到角点控制柄上,拖动鼠标改变控制柄的长度,以使图案适合瓶身的弧度,如图3-11所示。

步骤5:继续调整其他控制点和控制柄,以使图案的形状与瓶身温和。调整效果后,按 Enter 键确认变形操作,并在"图层"调板中将透明度改为100%,得到如图3-12所示的效果。

图3-10　变形一　　　　　图3-11　变形二　　　　　图3-12　变形三

步骤6:为了贴图效果更为自然,在"图层"调板中设置图案层的混合模式为"正片叠底",如图3-13所示,得到最终效果(3-3)。

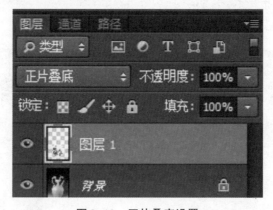

图3-13　正片叠底设置

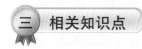
三　相关知识点

(一)制作分析

本任务主要练习"变形"命令的使用方法,并灵活掌握"查看""移动""复制"等命令

Photoshop CC 图像设计项目教程·理论篇

的使用方法以及透视效果的运用。在制作过程中，首先打开白瓷瓶和国画图像文件，将国画图像复制到白瓷瓶图像文件中，然后使用"变形"命令对国画图像进行调整，将其贴在白瓷瓶上。应注意图像变形网格的调整，使图像符合主体物的形态及透视效果，使贴图更为逼真。

(二) 相关知识

1. 移动图像

将光标放到变形框内，此时光标呈状，单击并拖动可移动图像。利用工具箱的移动工具 ▶⊕ 进行移动，如果是部分移动，移动后效果相当于剪切。当我们整体移动时，首先要确定图像图层没有被锁定，如果是刚打开的背景图层文件，则先要解锁，方法是双击图层名称，使背景图层变成普通图层，如图 3-14 所示。

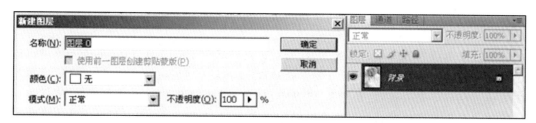

图 3-14　新建图层

移动后效果相当于复制，如图 3-15 所示。

图 3-15　复制图层

注意:

（1）按 Ctrl 键可临时切换到移动工具。

（2）选择移动工具按 Alt 键,拖动图像复制。

（3）光标键移动:移动 1 像素。

（4）Shift+光标键:移动 10 像素。

2. 缩放图像

选择"编辑→变换→缩放"菜单命令,或者按下"Ctrl+T"组合键,则打开变形工具,可以对当前对象进行缩放。具体将光标移动到变形框的控制柄上,待光标变为形状后,单击并拖动可改变图像的大小。

3. 旋转图像

选择"编辑→变换→旋转"菜单命令,或者按下"Ctrl+T"组合键,则打开变形工具,可以对当前对象进行旋转。具体将光标移动到变形框外任意位置,待光标呈◥≡形状时,单击并拖动鼠标可以旋转图像。

提示:变形框内有一个旋转支点,旋转图像是以它为中心进行,可以单击并拖动以改变旋转支点位置,如图 3-16 所示。除了上述变形命令外,Photoshop CC 提供了还有水平翻转、垂直翻转等变形操作,如图 3-17 所示,这里的翻转与"水平/垂直翻转画布"是有区别的,这里的翻转是针对选中对象来说的,而"水平/垂直翻转画布"则是对于整个图像。

图 3-16　旋转图片

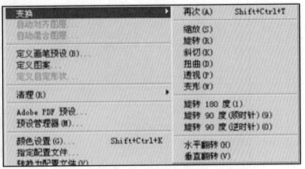

图 3-17　变形快捷菜单

4. 斜切对象

选择"编辑→变换→斜切",可以拖动方框中任一角进行变形,如图 3-18 所示。

5. 扭曲对象

选择"编辑→变换→扭曲",如图 3-19 所示。

图 3-18　斜切

图 3-19　扭曲

6. 透视对象

选择"编辑→变换→透视",如图 3-20 所示。

7. 变形图像

选择"编辑→变换→变形",如图 3-21 所示。

图3-20　透视　　　　　　　　　　　　　　图3-21　变形

注意:

变换工具中,编辑/自由变换("Ctrl+T"),进行变形设置后,需要按下"Ctrl+Enter"组合键结束变形。自由变换图像时,还可以配合相应快捷键。

(1) Shift:对角点等比缩放;以15°倍数旋转。

(2) Shift+Alt:中心点等比例缩放。

(3) Alt:对称变换。

(4) Ctrl+Alt+Shift:透视变换。

(5) Ctrl:自由变形。单点移动(扭曲)。

(6) Shift+Ctrl:斜切。锁定方向单点移动。

(7) Shift+Ctr+Alt:变换同时复制图像。

(8) Enter:应用变换。

(9) Esc:取消操作。

(10)默认背景层是被锁定的(不能移动)"眼睛标志":显示或隐藏图层。

8.还原图像

(1)使用撤销命令

①按下"Ctrl+Z"组合键可以进行单步撤销;按下"Ctrl+Shift+Z"可以进行多步撤销。

②选择"编辑→还原/重做"可以进行单步操作;选择"编辑→前进一步/后退一步",

可以进行多步操作。

（2）使用历史记录面板 "历史记录"是用来记录对图像所进行的操作的,默认情况下是 20 步;我们可以使用"历史记录"面板来还原图像,也可以恢复操作。

9. 查看图像

（1）使用视图菜单 选择"视图"菜单,可以看到如图 3-22 所示下拉菜单。

- 放大:将图像放大一倍进行显示。"Ctrl+ +"组合键放大图像。
- 缩小:将图像缩小一倍进行显示。"Ctrl+ –"组合键缩小图像。
- 按屏幕大小缩放:使图像以最合适的比例完整显示。
- 实际像素:使图像以 100% 比例显示。
- 打印尺寸:使图像以实际打印尺寸显示。

（2）使用导航器 选择"窗口→导航器"菜单,打开导航器窗口,如图 3-23 所示。在左下角的文本框中显示了当前图像文件的显示比例,这个数字可以通过键盘直接输入,也可以通过滑动其右方滑杆上的滑块进行调整。

图 3-22 视图下拉菜单

图 3-23 导航器窗口

（3）使用缩放工具 选择工具箱中的缩放工具🔍,可以放大或缩小图像局部区域。其工具属性栏如图 3-24 所示。在使用缩放工具🔍进行放大的同时如果按住键盘上的 Alt 键,此时光标变成🔍,功能则由原来的放大变成缩小。

图 3-24 工具属性栏

（4）使用抓手工具 在使用缩放工具对图像进行放大后,往往会导致图像显示不完整,此时可以借助抓手工具✋,从而随意调整图像的显示位置。抓手工具使用很简单,选中该工具,需要看到图像的哪一部分,只需用鼠标拖动画面即可。需要注意的是:当图像放大到不能完全显示的时候,抓手工具才有效。

（5）利用屏幕显示模式 当我们处理一些图片时,有时需要在全屏模式下才能更好的观察并编辑。"视图→屏幕模式"下 Photoshop CC 就提供了三种显示方式,单击标题栏中的屏幕模式按钮,打开如图 3-25 所示菜单。

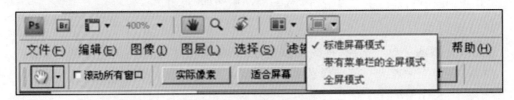

图 3-25　屏幕模式按钮

- 标准屏幕模式:Photoshop CC 默认的启动显示模式。
- 带有菜单栏的全屏模式:在标准屏幕下将图像进行最大化显示。
- 全屏模式:将菜单栏和任务栏隐藏。

10. 调整图像及画布大小

(1)调整图像大小　修改图像的大小通过选择"图像→图像大小"菜单命令,可以设置图像的尺寸与分辨率,如图 3-26 所示。

(2)调整画布大小　选择"图像→画布大小"菜单命令,就可以打开画布大小对话框。其中"定位"选项,是用来控制画布在什么方向上改变尺寸。如图 3-27 所示。

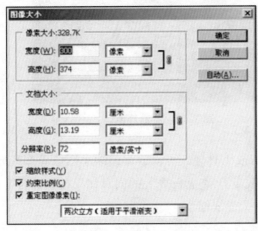

图 3-26　图像大小设置

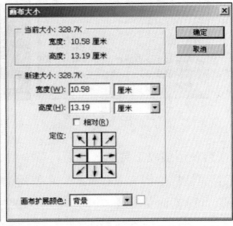

图 3-27　画布大小设置

11. 图像裁切

单击工具箱中的裁切工具🔲,可以看到其工具属性栏,如图 3-28 所示。

图 3-28　图像裁切设置

Photoshop CC 图像设计项目教程·理论篇

打开一幅图片,并且使用裁切工具选中裁切范围,如图 3-29 所示。在裁切范围的周围有 8 个控点,把鼠标放在不同的控点上,鼠标会变成相应标志,根据需要可以对当前的裁切范围进行缩放,也可以进行旋转,如图 3-30 所示即为在图 3-29 基础上裁切的结果。

图 3-29　裁切范围选择

图 3-30　裁切结果

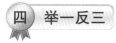

实训 1　利用自由变换命令为手提袋子添加图案。

素材见图 3-31、图 3-32,效果如图 3-33 所示。

提示:打开实例素材包中的 X、Y 文件,将图片素材 X 拖入图片 Y 中,根据需要对图 X 进行变形,并将其透明度设置为"90%"左右,得到最终效果如图 3-33 所示。

图 3-31　素材 1

图 3-32　素材 2

图 3-33　效果图

实训 2　为盘子(碗)添加图案。

素材见图 3-34、图 3-35,效果如图 3-36 所示。

图3-34　素材1　　　　　　　　图3-35　素材2　　　　　　　　图3-36　效果图

实训3　制作魔方(也可给各种盒子添加图案)。

素材见图3-37、图3-38、图3-39、图3-40,效果如图3-41所示。

图3-37　素材1

图3-38　素材2　　　　　　　　图3-39　素材3　　　　　　　　图3-40　素材4

图 3-41　效果图

提示:打开素材文件,分别将图片移动到魔方的三个面上,利用自由变换命令变换图片(旋转、扭曲等),其中先设置透明度,将图片贴到魔方的三个面上,得到最终效果。

五　课外拓展

拓展任务 1——生命之火

【拓展目标】　学习使用移动工具、缩放工具进行图像合成。

【知识要点】　使用移动、缩放、自由变换等命令,素材见图 3-42,效果如图 3-43 所示。

图 3-42　素材图

图 3-43　效果图

拓展任务 2——迷失的大象

【拓展目标】　学习巩固图像的编辑操作及图像的合成。

【知识要点】 主要应用选取工具创建选区、抠图、图像的缩放、图像合成等。素材见图 3-44，图 3-45 所示。效果如图 3-46 所示。

图 3-44 素材 1   图 3-45 素材 2   图 3-46 效果图

Photoshop 提供了非常完善的路径功能,可以绘制线条或曲线,并可对绘制的线条进行填充和描边,完成一些绘画工具无法完成的工作。利用路径可以绘制各种形状,可以与选区相互转换,也可以借助路径实现精确抠图,等等。

项目导读

创建路径需要使用路径绘制工具,路径的绘制工具包括比较灵活的徒手绘制工具和具有固定形状的几何图形绘制工具。徒手路径绘制工具包括钢笔工具、自由钢笔工具;几何图形绘制工具包括矩形工具、圆角矩形工具、椭圆工具、多边形工具、直线工具和自定义形状等。

学习目标

1. 了解路径的含义,并熟练掌握钢笔工具、添加锚点工具、删除锚点工具、转换点工具的应用,以及路径选择工具与直接选择工具的使用方法。

2. 掌握路径的填充路径和描边路径的使用方法。

3. 熟练掌握绘制路径的工具:包括矩形工具、圆角矩形工具、椭圆工具、多边形工具、自定形状工具。

任务1 制作兰草图

一 任务目标

利用钢笔工具,将钢笔工具的创建模式改为路径,画闭合的路径图形,使用转换点工具、对创建的闭合路径进行调整,最后填充路径,完成兰草制作,效果见图4-1-1所示。

图 4-1-1　兰草效果图

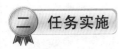

步骤1：新建一个图像文件（500＊400），在背景层上执行"滤镜→杂色→添加杂色"命令，弹出添加杂色对话框，如图4-1-2所示，设置其中的参数，单击"确定"按钮，得到宣纸背景如图4-1-3所示。

图 4-1-2　添加杂色对话框

图 4-1-3　宣纸效果

步骤2：新建一个图层1，选中工具箱中的钢笔工具，并设置其属性栏中的创建模式为"路径"，在图层1中创建一个闭合路径，如图4-1-4所示。

步骤3：选择工具箱中的转换点工具，将创建的闭合路径变换为兰草叶状，如图4-1

-5 所示。

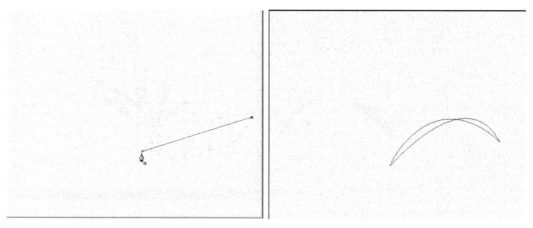

图 4-1-4　创建闭合路径　　　　　图 4-1-5　转换后的路径

步骤 4:设置前景色为黑色,选中"路径选择工具",单击图层 1,在画布上选中路径,单击鼠标右键,此时弹出路径相关的快捷菜单,如图 4-1-6 所示,单击填充路径选项,会弹出填充路径对话框,如图 4-1-7 所示,在内容中使用前景色,单击"确定",得到如图 4-1-8 所示的填充效果。

步骤 5:重复上述步骤 2—步骤 4 的操作,得到更多的兰草叶,合并所有的兰草叶图层,得到如图 4-1-9 所示的效果。

图 4-1-6　路径快捷菜单

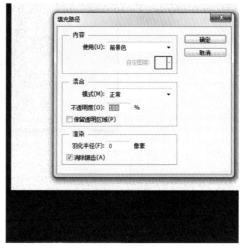

图 4-1-7　填充路径对话框

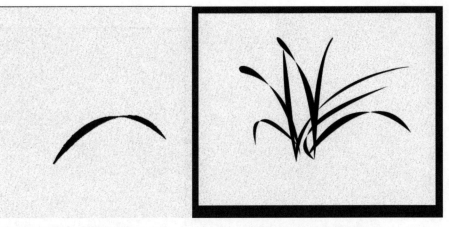

图4-1-8　填充路径后的效果　　　　图4-1-9　制作多片叶子

步骤6：选用画笔工具 ✐，和自定义形状工具 ❁，对兰草的根部进行美化处理，得到如图4-1-10所示的效果。

步骤7：使用文本工具 [T]，对兰草图落款，得到最终的结果。

图4-1-10　美化兰草根部

　三　相关知识点

(一)制作分析

灵活掌握钢笔工具创建路径，并熟悉通过转换点工具对路径进行调整，在制作过程中，应注意闭合路径的调整的完整性和符合实物的效果。整体上涉及路径绘制工具和路径编辑工具。

(二)相关知识

1. 路径的概念

路径由贝塞尔曲线构成,在曲线上有称作"锚点"的节点,通过节点上的控制手柄可以调整曲线的形状。这些曲线可以是单向的,即具有不重合的起点和终点;也可以是闭合的,即起点和终点重合在一起,闭合曲线通过调整,可以构成各种图形。

通俗地讲,路径其实就是浮在图层上的一个可以任意编辑的线框。和图层无直接关系,只有在对路径进行填充、描边或其他某些操作时才将操作的结果显示在图层上。路径占用的磁盘空间比基于像素的数据少,因此可用于简单蒙版的长期存储。可以使用形状建立选区,并使用"预设管理器"创建自定形状库。路径由一个或多个直线段或曲线段组成。每一段都由多个锚点标记,锚点用于控制路径的形状和位置。通过编辑路径的锚点,可以很方便地改变路径的形状。

2. 路径工具

在工具箱中有三个工具组与路径有关,它们都可以称为路径工具,这三个工具组分别是路径选择工具组、钢笔工具组、自定义形状工具组,如图 4-1-11 所示。在这些路径工具中大致可以分为两大类:路径绘制工具和路径编辑工具,在图 4-1-11 中白色线框中的工具属于路径编辑工具,其余的属于路径绘制工具。

路径选择工具组

钢笔工具组

自定义形状工具组

图 4-1-11 路径工具

3. 钢笔工具

创建路径需要使用路径绘制工具,路径的绘制工具包括比较灵活的徒手绘制工具和具有固定形状的几何图形绘制工具。徒手路径绘制工具包括钢笔工具、自由钢笔工具;几何图形绘制工具包括矩形工具、圆角矩形工具、椭圆工具、多边形工具、直线工具和自定义形状等。

钢笔工具是绘制路径时使用最频繁的工具,它的使用非常灵活、方便。绘制时只需在绘图窗口的适当的位置单击鼠标若干次,就可以得到具有若干个锚点的路径。

(1)钢笔工具属性栏 钢笔工具的属性栏选项,对钢笔工具绘制路径起着决定性的作用,所以使用钢笔工具前一定要先设置其属性栏,其属性栏如图 4-1-12 所示。

图 4-1-12 路径属性

●创建模式：创建模式包括三种，从上到下分别为：形状、路径、像素，对钢笔工具来说通常只用前两种创建模式。选择不同的创建模式，会对应相应的属性栏。如果用钢笔工具创建路径就必须是路径创建模式，否则就会创建出形状图层。

●路径建立模式：该选项有三种形式，分别是建立选区、新建矢量蒙版、新建形状图层，建立路径以后，选择不同按钮，可以建立不同的形式。

●路径合并形状组件：两个或者两个以上的路径可以进行交叉和合并，形成另外一种路径的组合方式。

●钢笔选项：该选项决定钢笔创建路径时钢笔的运笔方式，选择橡皮条选项，钢笔工具在创建路径时如同使用多边形套索工具一样，确定了第一个锚点后，钢笔工具就有弹性，如同橡皮条越拉越长，根据需要每单击一下鼠标就会多一个锚点，在相应两个锚点之间拉出一条路径；在默认情况下不选该选项，此时用钢笔工具创建路径时非常简单，只要单击鼠标即可。每单击一次多出一个锚点，并且在两个锚点之间自动连成一条直线（路径）。

●自动添加/删除选项：有了该选项可以在创建路径的同时，自动地添加或者删除某些锚点。

（2）钢笔工具的使用及技巧　在建立路径时，按住"Ctrl"键拖动可以直接拖动控制手柄或拖动锚点，可直接框选各个锚点同时移动、缩放等。按"Alt"键拖动锚点可在平滑点和尖点间转换，如拖动控制手柄可以只改变手柄控制端的路径形状。

提示：在自动添加/删除选项选中的情况下，将鼠标移动到路径的线段上，光标形状会随着位置的变化而变化，当鼠标变换为 时，单击鼠标会在该处添加一个锚点；当鼠标变成 时，单击鼠标会将此处的锚点删除，如图 4-1-13 所示。

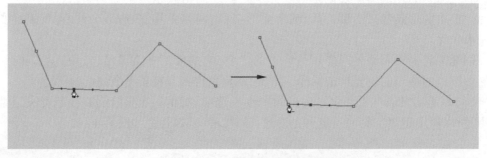

图 4-1-13　自动添加/删除选项的作用

（3）钢笔工具涉及的快捷键

- 选择"钢笔"工具，或反复按"Shift+P"组合键，切换到钢笔工具的属性栏中。
- 按住 Shift 键创建锚点时，将强制以45°或45°的倍数绘制路径。
- 按住 Alt 键，当"钢笔"工具移到锚点上时，暂时将"钢笔"工具转换为"转换点"工具。
- 按住 Ctrl 键，暂时将"钢笔"工具转换成"直接选择"工具。

4. 路径编辑工具

路径编辑工具包括路径选择工具、直接选择工具、添加锚点工具、删除锚点工具、转换点工具，这几种工具使用的前提是已经创建了路径，在现有路径的基础上，使用路径编辑工具可以对路径进行编辑。

（1）路径选择工具 路径选择工具用于选择和移动整个路径。单击路径选择工具，将光标移至路径上的某一位置，拖动鼠标便可以整体移动路径的位置。如图4-1-14所示为路径移动前后的对比。

图4-1-14 路径移动前后比较

（2）直接选择工具 直接选择工具用于选择并移动当前路径的某一部分。单击直接选择工具，将光标移至路径上的某一锚点处单击，此时路径上会出现若干方向线或方向点，拖动某一锚点可将锚点移动，从而改变路径形状；拖动方向点可以在相应锚点不移动的情况下改变路径的形状。如图4-1-15所示。

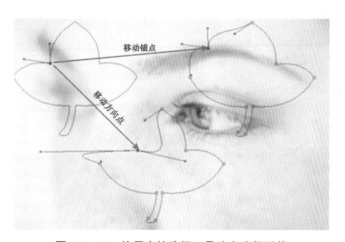

图4-1-15 使用直接选择工具改变路径形状

（3）添加锚点工具　使用添加锚点工具,可以在路径上添加节点,另外添加锚点工具还可以对某个节点进行移动,此时具有直接选择工具的功能,如图4-1-16所示。

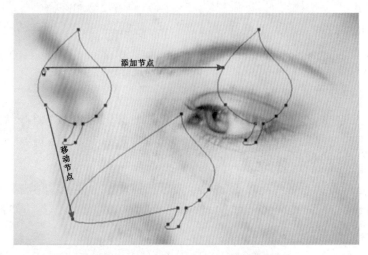

图4-1-16　用添加锚点工具编辑路径

（4）删除锚点工具　与添加锚点工具的功能相反,删除锚点工具用于删除在路径上的锚点,每单击一次,删除一个节点,如图4-1-17所示。

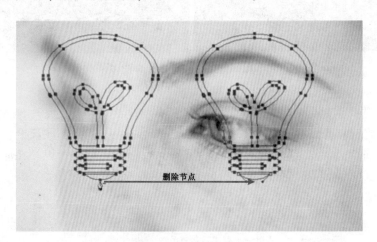

图4-1-17　删除节点

（5）转换点工具　转换点工具用于将直线段改为曲线段,可以将原路径上的拐点处变得平滑,如图4-1-18所示。

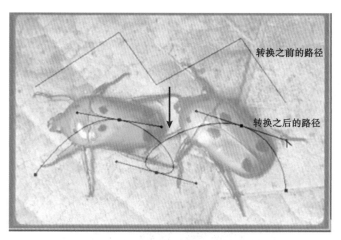

图4-1-18　使用转换点工具编辑路径

四　举一反三

实训1　利用钢笔工具抠图。

素材见图4-1-19,效果如图4-1-20所示。

图4-1-19　钢笔素材

图4-1-20　抠图效果图

提示:打开实例素材包中的钢笔素材文件,选择钢笔工具并设置路径模式为"路径",使用钢笔工具画出石榴的边缘闭合路径,使用转换点工具微调,最后修改钢笔工具的属性栏建立选区,将路径转换为选区,将得到抠图效果。

实训2 抠图合成

素材见图4-1-21、图4-1-22,效果如图4-1-23所示。

提示:打开实例素材包中的钢笔素材文件,选择钢笔工具并设置路径模式为"路径",使用钢笔工具勾勒出青花瓷边缘闭合路径,使用转换点工具微调,最后修改钢笔工具的属性栏建立选区,将路径转换为选区(羽化:20),将选择的青花瓷瓶复制到青花瓷背景图片中,将得到最终效果。

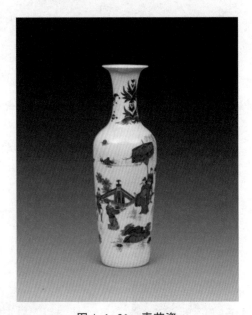

图4-1-21 青花瓷

图4-1-22 青花瓷背景

图 4-1-23　青花韵

五　课外拓展

拓展任务 1——制作硬币

【拓展目标】　学习掌握路径的创建、路径文字的操作。

【知识要点】　主要用椭圆工具创建圆形路径、路径文字、纹理载入等。素材见图 4-1-24 所示,效果如图 4-1-25 所示。

图 4-1-24　素材图　　　　　　　　图 4-1-25　效果图

提示:新建 600＊600 白底文件,导入"硬币素材",利用椭圆选框工具按"shift"做一个正圆选区,描边。在同一个中心使用椭圆工具做一个正圆路径,利用文字路径技术输入"ZHONGGUO RENMIN YINHANG",合并图层,清除硬币以外的区域,并复制硬币图层,在新的在硬币副本图层上执行"滤镜→素描→基底凸现"命令,细节15,平滑1,光照左上,高斯模糊1像素。在硬币图层中用魔棒工具点取白色区域(连续的选项前不要打"√")。得到选区后回到硬币副本图层。执行纹理化滤镜,纹理选择砂岩,缩放50%,凸现3,光照左上。合并调整图层后给硬币副本图层添加投影效果。最后对照片修饰,达到最终效果。

任务 2　绘制交通禁令标志

一　任务目标

利用自定义形状工具,将钢笔工具的创建模式改为像素,设置前景色,选择相应的标志图案,效果如图 4-2-1 所示。

图 4-2-1　禁令标志效果图

二　任务实施

步骤 1:新建一个文件(500 * 400),选择自定义形状工具 🖾,并设置其属性栏中的选择工具模式为像素,然后设置前景色为红色。

步骤 2:打开自定义形状库,在其中选择"禁止"标志 🚫,在画布上绘制 6 个红色的禁止标志,如图 4-2-2 所示。

步骤 3:设置前景色为黑色,在自定义形状库中,选择汽车、自行车、行人、转弯等标志,在相应的禁令标志中绘制,得到如图 4-2-3 所示。

Photoshop CC 图像设计项目教程·理论篇

图 4-2-2　选择"禁止"标志　　　　　　图 4-2-3　绘制禁止标志

步骤 4：在相应的标志下面输入文字，达到最终效果。

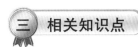

三　相关知识点

（一）制作分析

熟练使用图形绘制工具，完成相关的图形图像绘制。本案例主要涉及自定义形状工具，使用了自定义形状库中的形状。形状库中有很多的形状，可以根据不同的设置，选择形状图层、路径、填充像素等创建模式进行创建。根据本案例要学会使用几何图形绘制工具组中的相关形状的绘制自定义形状。

（二）相关知识

几何图形工具栏的创建模式有三种选择：形状图层创建模式、路径创建模式、填充像素创建模式。显然如果想创建出具有几何形状的路径，那么创建模式一定设置为"路径"。下面了解一下自定义形状工具组中的各个工具。

1. 矩形工具

矩形工具的操作很简单，首先看一下其属性栏如图 4-2-4 所示。从矩形工具的属性栏可以看出，与前面所讲的钢笔工具的属性栏相似，在矩形选项中可以进行以下几个设置：

● 不受约束：可以创建出任意形状的矩形路径。

● 方形：可以创建出任意大小的方形路径，如果在不受约束的选项下想创建出正方形路径，可以在绘制过程中按住 Shift 键。

● 固定大小与比例：这和矩形选框工具的设置与效果相似，在此不再赘述。

● 从中心：该选项决定所绘制矩形的中心点的位置，一旦选中该项，那么所绘制出的一系列矩形就会以鼠标放置的起点为中心，如图 4-2-5 所示（在图中把鼠标首先放在 A 点，为了便于观察拉出两条互相垂直的辅助线，交点恰好在 A 处）。

图4-2-4 矩形工具的属性栏

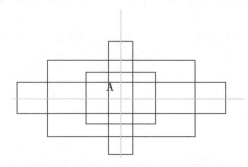

图4-2-5 从中心选项功能

2. 圆角矩形工具

圆角矩形可以绘制出四角呈弧形的矩形,圆角矩形工具的使用方法与矩形工具相同,其属性栏与矩形工具的也大同小异,在此不再赘述。

3. 椭圆工具

椭圆工具的使用方法及属性栏与矩形工具相同,这里不再重复。

4. 多边形工具

如果想绘制出规则的多边形路径,可以选择多边形工具,并且根据需要对其属性栏进行设置,其属性栏如图4-2-6所示。从图中可以看到,多边形工具属性栏与矩形工具属性栏相比不同之处在于多边形选项及边数设置。

图4-2-6 多边形工具属性栏

• 边:该项决定多边形的边数,默认值为5,也就是画出来的图形为正5边形。改变该项数值,所得到的多边形的边数也会随之改变。

多边形选项中的几个设置项:

●半径:该项决定所绘制出的多边形外接圆的半径大小,单位为厘米,比如在边数文本框中输入5,在半径的文本框中输入4,表明所绘制出的图形为外接圆半径为4厘米的正五边形,如图4-2-7所示。

●星形:在默认情况下,该复选框处于取消状态,所绘制出的多边形都是凸多边形,比如图4-2-7所示的正五边形,如果选中该复选框,将会使多边形路径的边线向内切割形成同角数的星形,也称凹多边形,图4-2-8所示的五角星、八角星都是在星形复选框选中时所得到的形状。

图4-2-7　半径复选框的作用　　　　　　图4-2-8　星形复选框的作用

●缩进边依据:该选项在默认情况下处于灰色无效状态,当星形复选框处于选中状态时激活该选项,其取值区间为1%～99%,默认值为50%,该项决定了星形的每个星角的尖锐度,值越小,角越大,值为1%时,所绘制的图形近似凸多边形;值越大角越尖锐,当值达到最大值99%时,所得到的星形的角几乎重叠在一起成为一条线。如图4-2-9所示。

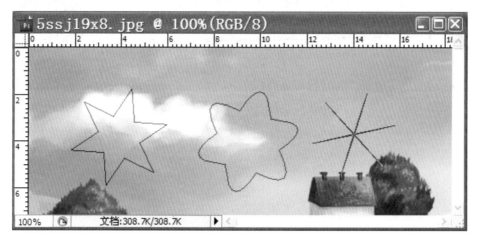

图4-2-9　平滑缩进的作用

●平滑缩进：与缩进边依据相同之处在于默认情况下处于灰色无效状态，当星形复选框处于选中状态时该选项被激活，该项可使星形的边线变成平滑的圆弧形的曲线切割如图4-2-10所示。

提示：如果把多边形工具属性栏中的平滑拐角复选框选中，那么得到的图形每个星角会变得比较平滑。

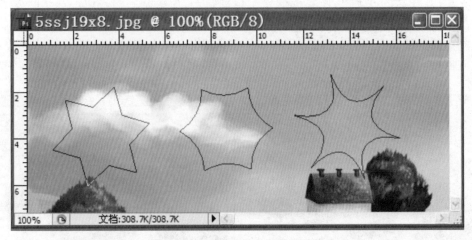

图4-2-10　平滑拐角的功能

5.直线工具

直线工具用于绘制直线，在路径创建模式下可以创建出直线路径，其属性栏如图4-2-11所示，在其属性栏中可以设置直线的粗细以及所绘直线带不带箭头等，如图4-2-12所示，需要说明的是，如果想绘制出水平或垂直的直线可以在拖动鼠标的过程中按住Shift键。

图4-2-11　直线工具的属性栏

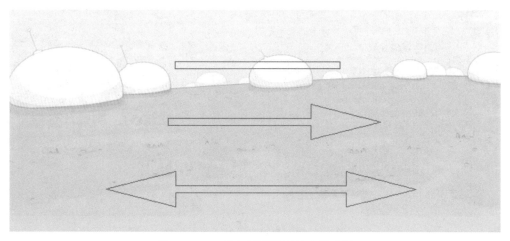

图4-2-12　几组不同设置的直线路径

提示：当直线属性栏中的凹度选项值设置为负数时，箭头效果如图4-2-13所示。

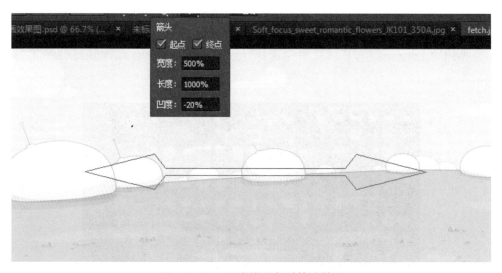

图4-2-13　凹度值为负时箭头效果

6.自定义形状工具

自定义形状工具用于将定义好的图形轮廓创建为与该图形形状相同或者相似的路径。其属性栏如图4-2-14所示。

图 4-2-14　自定义形状工具属性栏

　　从自定义形状工具的属性栏可以看到与前面所讲的几种几何图形绘制工具属性栏的差别在于"形状"设置项。下面重点讲述 1 处和 2 处的按钮的作用。

　　单击 1 处小三角,会弹出自定图形库,从上图可以清晰地看到图形的形状,需要什么形状鼠标单击即可选中,如果在当前的图库中找不到需要的图形,可以单击 2 处的按钮,此时会弹出一个下拉菜单,从该菜单中选择"全部"命令,就会使图库变成如图 4-2-15 所示的效果。

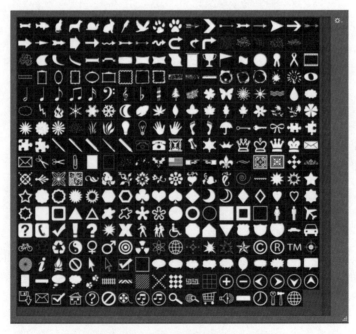

图 4-2-15　自定义图库中的所有图形

　　自定义形状工具的操作很简单,只需选中后在绘图窗口拖动鼠标即可,如图 4-2-16 所示。

图 4-2-16　自定义图形路径

四　举一反三

实训 1　制作拼排 Lomo 风格照片

素材见图 4-2-17、图 4-2-18、图 4-2-19，效果如图 4-2-20 所示。

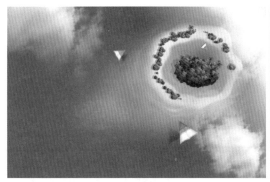

图 4-2-17　照片背景素材

图 4-2-18　照片素材 1

图 4-2-19　照片素材 2　　　　　　图 4-2-20　拼排 Lomo 风格照片效果图

提示:打开照片背景素材,使用矩形工具,模式改为像素,前景色为白色,在新建的图层中绘制适当大小的白色矩形框;新建图层,选中圆角矩形工具,半径为 30,前景色为灰色,在白色的矩形框中绘制适当的圆角矩形框;导入照片素材 1,调整大小放置于灰色圆角矩形框上,选中照片素材 1 图层,设置"图层→创建剪切蒙版"或者"Alt+Ctrl+G",创建剪切蒙版图层;新建图层,使用钢笔工具画出如图所示的图案,填充红色,并输入文字"LOOKING",设置相应的字体和大小;使用相同的方式制作另外一张照片。使用自定义图形工具画出蝴蝶、小鱼等图案,最后对照片修饰,达到最终效果。

五　课外拓展

【拓展目标】　学习使用钢笔工具、矩形工具、转换点工具等制作编辑路径。
【知识要点】　主要使用自由变换、路径编辑、路径与选区的转换、贴入命令等应用。素材见图 4-2-21,效果如图 4-2-22 所示。

图 4-2-21　素材图　　　　　　　图 4-2-22　扇子效果图

提示:创建文件 700 * 500,使用矩形工具绘制扇片,对扇片微调修饰,旋转使用"Ctrl+T"将扇片进入自由变换状态,先将中心点拖到扇片的一端,扇片旋转一个合适的角度,然后使用组合键"Alt+Ctrl+Shift"三个键,右手按 T 键,复制出扇片,形成扇子的形状。使用钢笔工具,绘制扇形的闭合路径。转换点工具微调路径并将路径转为选区,将折扇素材图片贴入选区,图片微调并设置不透明度。

项目五

绘图工具

碧绿的湖水,悠闲的画舫,古香的小亭,远处,一群白鹭在天空欢快地盘旋,这样的美景让人着迷? 拿起 Photoshop CC 的画笔,妙笔生花,让这一切呈现在舞台上……

项目导读

Photoshop CC 为了方便用户快速地创作复杂的作品,提供了大量的绘图工具,如画笔工具、铅笔工具等,一些常用的设计元素都可以预先定义为画笔。本项目主要介绍如何设置绘图的颜色,如何设置和定义笔刷,怎样用设置好的笔刷绘图等,以及这些绘图工具使用方法与操作技巧,使用画笔提高创作的效率。

学习目标

1. 学习用画笔库中的不同的画笔的调用、画笔调板的设置等。
2. 重点熟练掌握绘图工具使用方法与技巧。
3. 熟悉颜色的设置。
4. 掌握笔刷的操作。

 **任务 1　制作春暖花开图**

 任务目标

学习设置和定义笔刷,并熟练掌握绘图工具使用方法与技巧。利用画笔工具等命令,对画笔库中的不同的画笔进行调用、画笔调板进行选取设置、切换或者追加画笔库,设置画笔大小、笔刷绘图等。素材见图 5-1-1,效果如图 5-1-2 所示。

图 5-1-1　素材图

图 5-1-2　效果图

二　任务实施

步骤 1：打开素材图像文件。

步骤 2：单击图层调扳上的新建按钮，新建一个图层 1。

步骤 3：选中工具箱中的画笔工具，并选择小草画笔，并对小草画笔进行设置，如图 5-1-3 所示。

步骤 4：对画笔设置完毕，设置前景色为墨绿色（建议 R=10，G=72，B=5），然后在图层 1 上按住鼠标反复涂抹，得到如图 5-1-4 所示的效果，如果感觉效果不好，可以用"Ctrl+Alt+Z"组合键撤销操作。

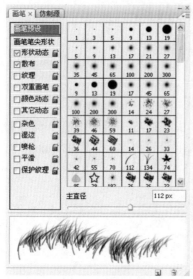
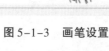

图 5-1-3　画笔设置

图 5-1-4　画笔涂抹效果

步骤5：新建图层2，设置前景色为草绿色（建议 R=106，G=160，B=23），继续使用小草画笔在图层2上涂抹，得到如图5-1-5所示的效果。

步骤6：新建图层3，调用画笔库中的特效画笔，如图5-1-6所示，并选择特效画笔库中最上面的一个（花瓣画笔），设置前景色为红色果。

图5-1-5　小草画笔涂抹图层2效果　　　　图5-1-6　特效画笔设置

步骤7：在图层3的适当位置进行单击，得到如图5-1-7所示的效果。

步骤8：新建图层4，在特效画笔库中选择蝴蝶画笔，设置适当的前景色，在图层4中绘制蝴蝶，如图5-1-8所示。

图5-1-7　花瓣画笔使用　　　　　图5-1-8　蝴蝶画笔使用效果

步骤9：选择自定义形状工具，找到鸽子的形状，设置前景色为白色，在适当位置画一只鸽子，达到最终效果。

 **任务 2　制作美丽的飘带**

 一　任务目标

　　学习用自定义画笔绘制特殊的图像,通过路径绘制、描边路径、自定义画笔、画笔调板的设置来实现,如图 5-2-1 所示。

图 5-2-1　最终效果图

 二　任务实施

　　步骤 1:新建一个文件,大小自定,用黑色填充背景层,如图 5-2-2 所示。

图 5-2-2　新建黑色背景层

　　步骤 2:新建图层 1,将背景图层隐藏,在工具箱中选择钢笔工具 ,并在钢笔工具的属性栏中选择路径属性,在图层 1 中绘制一条路径,如图 5-2-3 所示。

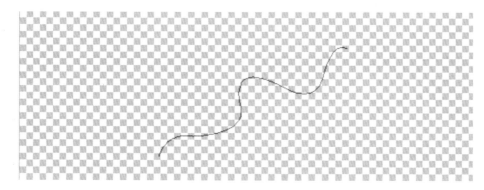

图 5-2-3　钢笔工具绘制路径

步骤 3:打开路径调板,将路径命名为路径 1。选择工具箱中的画笔工具 ,将画笔大小调整为 3 像素,硬度为 100%,颜色为黑色,在路径面板中点击用画笔描边按钮 ,如图 5-2-4 所示。

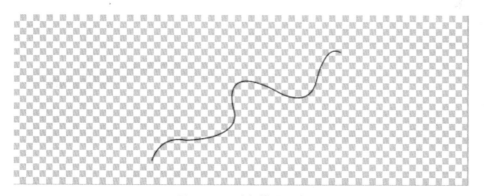

图 5-2-4　路径描边示意

步骤 4:回到图层面板,选中图层 1,执行“编辑→定义画笔预设”命令,在弹出的窗口中将画笔命名为“纱巾”,单击“确定”按钮。

步骤 5:按照步骤 2 的方法绘制如图 5-2-5 所示的路径,并将其命名为路径 2。

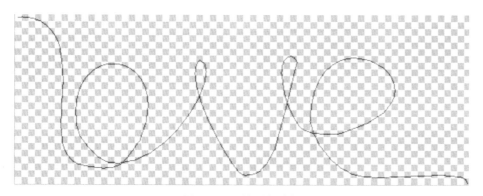

图 5-2-5　绘制新路径

步骤6：将前景色设置为＃c80048，在工具箱中选择画笔工具 ，此时画笔的形状应该是刚才我们定义的纱巾，在画笔调板调整画笔各个参数，数值如图5-2-6、5-2-7 和 5-2-8 所示。

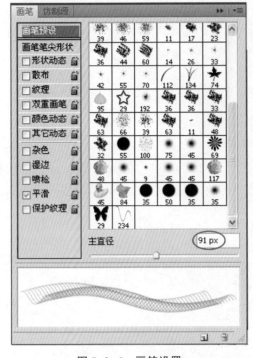

图 5-2-6　画笔设置

图 5-2-7　画笔笔尖形状设置

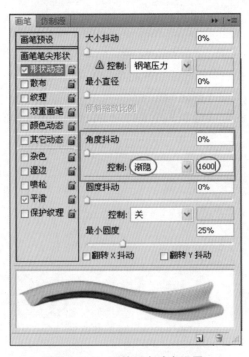

图 5-2-8　画笔形态动态设置

步骤 7:新建图层 2,把图层 1 隐藏,在路径面板中点击用画笔描边按钮  ,在路径面板空白处点击一下,隐藏路径 2,效果如图 5-2-9 所示。

图 5-2-9　路径效果示意

步骤 8:将背景层显示,达到最终效果。

三　相关知识点

(一)制作分析

PhotoShop 画笔工具是常用的一种绘图工具,也称为 PS 笔刷,是 PhotoShop 中预先定义好的一组图形。它可以绘制柔和的彩色线条,其应用方法具有代表性。PS 画笔只存储图像的轮廓,用户可以使用任意颜色对图像进行填充。

(二)相关知识

1. 画笔工具

常用于绘制边缘较柔和的线条,像国画中的毛笔一样,可以画出边缘半透明的线条。改变笔尖的大小、类型、混合模式、不透明度可产生不同的绘图效果。

选择画笔工具 ✐ 后,在工具属性栏中设置笔刷属性,然后按下鼠标左键并在图像窗口拖动光标就可以绘画。画笔工具属栏如图 5-2-10 所示。

图 5-2-10　画笔工具设置

(1)画笔 ✐ 单击画笔后的 ▾ 按钮,可以设置笔触形状和大小,如图 5-2-11 所示。

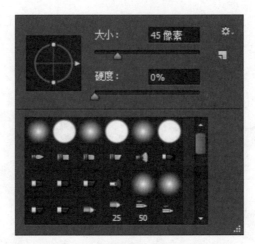

图 5-2-11　笔触形状和大小设置

（2）切换画笔面板 🖌　单击可打开画笔和画笔预设，快捷键 F5，如图 5-2-12 和图 5-2-13 所示。

（3）模式　不同模式决定画笔使用的颜色以何种方式与图像中的像素进行混合。从下拉列表中可选择所绘的颜色与下面的现有像素混合的方法。可用模式根据当前选定工具的不同而变化，如图 5-2-14 所示。

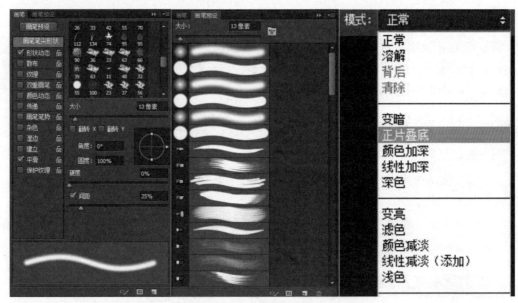

图 5-2-12　画笔形态动态设置　　图 5-2-13　画笔大小设置　　图 5-2-14　模式设置

①画笔笔尖形状：设置笔尖形状，大小，角度，硬度，间距等。

●间距：用于设置连续运用画笔工具绘画时，前一个产生的画笔和后一个产生的画笔之间的距离。

● 硬度:用于设置画笔绘图时的边缘晕化程度。

● 圆度:用于设置椭圆短轴和长轴的比例关系。

● 角度:用于设置画笔长轴的倾斜角度,即偏离水平线的距离。

②形状动态:设置笔触不同大小、角度、圆度的随机性变化。

● 大小抖动:用于控制画笔产生的画笔大小的动态效果,值越大抖动越明显,1%时表示没有抖动。

● 渐隐:笔尖逐渐变小,甚至消失。

● 角度抖动:用于控制画笔产生角度渐隐动态效果。

● 圆度抖动:用于设置画笔椭圆短轴和长轴的比例关系。

③散布:可以绘制画笔图像在图像窗口中随机分布,设置笔触四处飞散的自然效果。

● 散布:用于设置画笔散布的距离,值越大,散布范围越宽。

▶笔尖只在垂直于绘制的方向上分散。

▶笔尖同时在水平和垂直方向上分散。

● 数量:用于控制画笔产生的数量,值越大数值量越多。

▶数量抖动:用于设置画笔数量产生的随机性,不同数值下的随机效果不一样。

④纹理选项:可以使绘制后的画笔图像产生纹理化效果。

● 缩放:用于设置纹理在画笔中的大小显示,值越大,纹理显示面积就越大。

● 深度：用于设置纹理在画笔中融入的深度，值越小，显示就越不明显。

● 深度抖动：用于设置纹理融入到画笔中的变化，值越大，抖动越强，效果越明显。

⑤双重画笔：可以绘制两种画笔样式融入的效果。

● 直径：用于设置第二种画笔样式的大小，值越大，在第一种画笔中显示的直径就越大。

● 数量：用于设置第二种画笔在第一种画笔中的显示数量。

● 间距：用于设置第二种画笔在第一种画笔中的分布距离。

● 散步：用于设置第二种画笔在第一种画笔中的分布范围。

⑥颜色动态：设置笔触颜色由前景到背景色变化，或随机性产生颜色变化，以使笔尖产生两种颜色或图案进行不同程度混合的效果，并且可以调整其混合颜色的色调、饱和度、明亮度等。

● 前景/背景抖动：前景色和背景色之间的混合程度。

● 色相抖动：可以设置前景色和背景色之间的色调偏移方向，数值小，则色调偏向前景色，数值大，则色调偏向背景色。

● 饱和度抖动：颜色的饱和度，数值大，则混合颜色效果较饱和；数值小，则混合颜色效果不饱和。

● 亮度抖动：绘制画笔的亮度，数值大，则绘制的颜色较暗，数值小，颜色亮。

● 纯度：绘制画笔颜色的新鲜程度，数值大，颜色鲜艳，数值小，颜色暗。-100 时绘出颜色为灰色。

⑦其他动态：可设置画笔绘制出颜色的不透明度和使颜色之间产生不同的流动效果

● 杂色：使画笔产生细碎的噪声效果，也就是产生一些小碎点的效果。

● 湿边：使画笔绘制出的颜色产生中间淡四周深的润湿效果，用于模拟加水较多的颜料产生的效果。

● 喷枪：模拟传统喷枪效果，使产生的图像有渐变色调效果。

● 平滑：使画笔绘制出的颜色边缘较平滑。

● 保护纹理：当使用多个画笔时，可模拟一致的画布纹理效果。

（4）不透明度　设置画笔颜色的不透明度，数值越小，不透明度越低。可直接输入数值也可单击其后的按钮，拖动滑块调整。

（5）流量　用来设置颜色随工具移动应用的速度，即设置绘制线条颜色的流畅程度，也可产生一定的透明效果，该数值越小，同一绘制速度下所绘线条颜色越浅。

（6）喷枪 :产生喷枪、分散效果,可使画笔具有喷涂功能。设置"流量"百分比,画笔停留时间越长,绘制颜色越浓。

2. 铅笔工具

铅笔工具 用来绘制一些棱角比较突出、无边缘发散效果的线条或图案,可以模拟铅笔的绘画风格,用法与画笔工具基本相同,但铅笔工具的笔尖却不像画笔工具那样柔和,而是尖锐、生硬的效果。其工具属性如图5-2-15所示。"自动抹除"若勾选,则用户在前景色颜色相同的图像区域内拖动鼠标时,将自动擦除前景色并填充背景色。

图 5-2-15　工具属性

注意:使用画笔和铅笔工具时,需注意:

◇绘画时使用的颜色为前景色。

◇单击鼠标确定绘制起点后,按住 Shift 键再拖可画出一条直线。

◇按住 Shift 键反复单击,则可自动画出首尾相连的折线。

◇按住 Ctrl 键,则暂时将以上两个工具转换为移动工具 。

◇按住 Alt 键,则变为吸管工具 。

3. 应用历史记录画笔

（1）恢复操作　在图像处理过程中,对某些操作会经常进行修改,还有很多误操作,需要对它们进行再操作或修复,系统提供了强大的恢复功能来解决这一问题。

（2）中断操作　所谓中断就是指在某些操作过程中中途停止操作,从而取消当前操作结果对图像的影响。这些操作有对图像的变换、文本的输入等。中断操作只需按键盘上的"Esc"键即可中断操作。

（3）恢复到上一步的操作　任何一个图像处理都要经过不断地测试和修改,发现操作失误后应立即撤销误操作,然后再重新操作。有以下几种方法可以恢复到上一步的操作状态:

①单击菜单"编辑→还原"命令;

②单击菜单"编辑→重做"命令;

③单击菜单"编辑→返回"命令,单击一次就返回一次上一步做过的操作;

④单击菜单"编辑→向前"命令,单击一次就重新再做一次下一步的操作。

（4）恢复到任意操作步骤　通过"历史纪录"控制面板可以将图像恢复到任意操作步骤状态,只需在"历史纪录"控制面板中的历史状态纪录面板中单击选择相应的历史命令即可。

系统默认在历史纪录面板中保留 20 步操作,用户可以根据需要设置合适的保留历史纪录的数值,以满足绘图的需要。其操作方法如下:

①单击选择菜单"编辑→首选项"命令,打开"首选项"对话框。

②在"历史纪录状态"数值框中输入需要的数值。

③单击"确定"按钮。

4. 颜色替换工具

该工具能够简化图像中特定颜色的替换,可以用校正颜色在目标颜色上绘画颜色。替换工具不适用于【位图】【索引】或【多通道】颜色模式的图像。利用颜色替换工具可以在保留图像纹理和阴影不变的情况下,快速改变图像任意区域的颜色。要使用该工具编辑图像,需要先设置好合适的前景色,然后在指定的图像区域进行涂抹即可。

5. 颜色的设置

(1)颜色控制器 通过颜色控制器可设置一些重要信息,主要包括前景色、背景色、前景色与背景色切换以及默认颜色的设置,如图5-2-16所示。

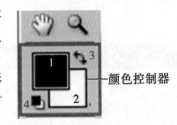

图5-2-16 颜色控制器

①前景色:图5-2-16中"1"代表前景色,绘制图形时,可将前景色绘制在图形上,也可以填充选区或是对选区描边。

②背景色:图5-2-16中"2"代表背景色。背景色显示的是图像的底色,也可以填充到某个区域,当使用橡皮擦工具或是删除选区时,图像上就会删除前景色而留下背景色。

③切换前景色与背景色:图5-2-16中"3"处的代表前景色与背景色切换按钮,用鼠标单击该按钮或按住键盘上的"X"键,可以将当前的前景色与背景色相互切换。

④默认颜色的设置:图5-2-16中"4"处的代表前景色与背景色默认设置按钮。用鼠标单击一下按钮或按键盘上的"D"键,就可将前景色与背景色恢复为默认的颜色。初次使用Photoshop时,前景色与背景色的默认颜色分别为纯黑色与纯白色。

(2)颜色的设置方法

①使用拾色器:用鼠标单击颜色控制器(图5-2-16)的"1"处,则出现的拾色器对话框,如图5-2-17所示。用鼠标在左侧的颜色区单击(可配合使用滑竿上的滑钮拖动)选择一种所需的近似的前景颜色;如果要精确选择一种前景色,可以在右侧的文本区,输入数字。

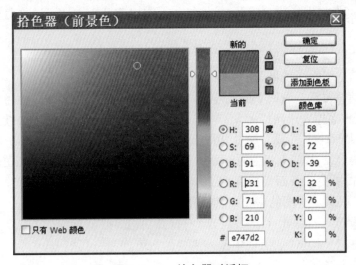

图5-2-17 拾色器对话框

②颜色调板:显示当前前景色和背景色的颜色值。使用颜色调板中的滑块,可以通过几种不同的颜色模型来编辑前景色和背景色,也可以从颜色栏显示的色谱中选取前景色和背景色。执行"窗口→颜色"命令可以打开颜色调板,如图 5-2-18 所示。

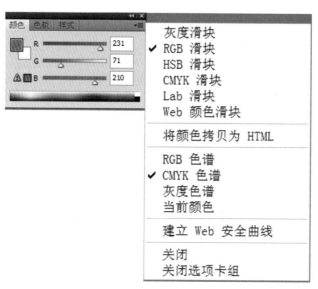

图 5-2-18　颜色调板

③色板调板:可以快速选取前景色和背景色、添加或删除颜色来创建自定的色板集。该色板中的颜色都是预置好的,不需设置即可使用。执行"窗口→色板"命令可以打开色板调板,如图 5-2-19 所示。

把鼠标放在色板调板中的某一个颜色块儿上鼠标立刻变成了吸管( )标志,单击所需颜色,即可使当前的前景色改变为所选颜色。如果要用这种方法选择背景色,则先按着 Ctrl 键不放再单击左键即可。

④使用吸管工具:设置精确度不太高的颜色时,可以用吸管工具来完成。吸管工具如图 5-2-20 所示,用该工具可以从当前的图像中的某一处采样,可以用采样的颜色重定义前景色或背景色。

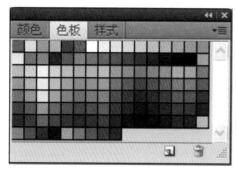

图 5-2-19　色板调板

图 5-2-20　吸管工具

吸管工具的使用方法:选中吸管工具,将光标移至图像上所需颜色处单击进行采样,这时前景色就变为采样得到的颜色;如果想使背景色变为采样颜色,那么需要在采样的同时按住 Alt 键即可。

6. 减淡、加深、海绵工具(O)

(1)减淡工具 把颜色减淡(增加亮度)。

(2)加深工具 把颜色加深(降低亮度)。

(3)海绵工具 降低饱和度(图片变灰色)。

7. 快捷键

改变笔刷大小:英文输入法状态下,"［"、"］",该方法也适用于其他大多绘画和修饰工具。

图像上单击右键,设置笔触大小。

改变笔触硬度:"Shift+［""Shift+］"。

自定义画笔:选取要定义的图案,编辑/定义画笔,保存与载入画笔。

任务3 将图片的某一部分定义为笔刷

一 任务目标

将任意图案或任意选区的图像定义为笔刷。

二 任务实施

步骤1:打开一幅图片,然后选取要定义为笔刷的区域,如图 5-3-1 所示。

步骤2:执行"编辑→ 定义画笔"命令,打开如图 5-3-2 所示的"画笔名称"对话框。

图 5-3-1 选取图像

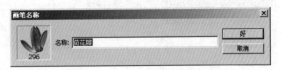

图 5-3-2 画笔名称对话框

步骤3:在对话框的文本框中输入新建画笔的名称(荷花瓣),然后单击"好"按钮,即把选取的图像定义为新画笔,新定义的画笔同样会自动添加到当前画笔库的最下面。

步骤4:定义完画笔之后,就可以使用定义的画笔绘制图像了。需要注意的是,自定义画笔时,只能定义画笔的形状,不能定义画笔的颜色,它的颜色由当前的前景色决定。如图5-3-3所示,是使用定义的画笔所绘制不同颜色的图像。

图5-3-3 用自定义画笔绘制的图像

自定义虚线画笔

 任务目标

学习设置和定义笔刷,并熟练掌握绘图工具使用方法。

 **任务实施**

步骤1:新建画布,用矩形选框工具绘制矩形选区,给选区填充黑色,如图5-4-1所示。

注意:必须是完全的黑色,这样才能保证在定义好笔刷后可达到100%的不透明度。

图5-4-1 制作黑色矩形块

步骤2:选择"编辑→定义画笔"命令,弹出对话框如图5-4-2所示,在其中输入名字(虚线)。单击"好",完成画笔定义。该画笔同样会自动添加到当前笔刷库的最下面。

步骤3:定义完画笔,接下来的任务是如何使用这个新定义的画笔,打开当前的笔刷库可以看到最下面的标志为"59"的虚线画笔。

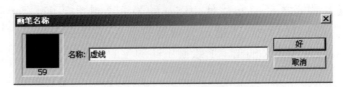

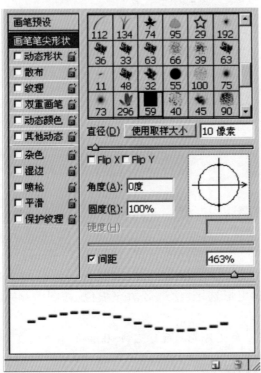

图5-4-2 画笔名称对话框

步骤4：如果选择该笔刷后，不进行任何设置直接使用，是画不出来虚线的。应该打开画笔调板，首先对笔尖形状进行调整，设置笔尖的大小和笔头的间距，用"圆度"可以控制虚线的宽度如图5-4-3所示。如果调整只进行到此，虽然可以当虚线使用，但是，矩形块与笔刷运动方向不一致，如图5-4-4所示。

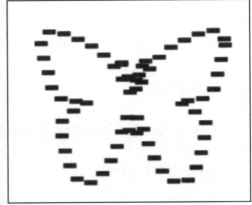

图5-4-3 设置笔刷编辑器　　　　图5-4-4 经过初步设置的虚线效果

步骤5：要使虚线和运笔的方向一致，必须对"动态形状"项里的参数进行调整。在"角度控制"里选择"方向"，其他参数取默认值即可，如图5-4-5所示。设置到此为止，就可以使用定义的虚线画笔绘制图像了，如图5-4-6所示。

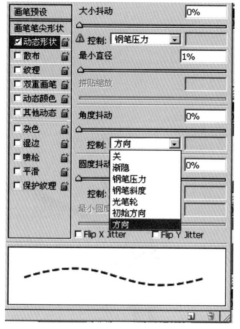

图 5-4-5 设置虚线笔刷的动态形状

图 5-4-6 用虚线画笔绘制的图形

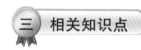 相关知识点

(一) 制作分析

PS 画笔工具是常用的一种绘图工具, 也称为 PS 笔刷, 是 PhotoShop 中预先定义好的一组图形。它可以绘制柔和的彩色线条, 其使用方法具有代表性。PS 画笔只存储图像的轮廓, 用户可以使用任意颜色对图像进行填充。

(二) 相关知识

1. 自定义保存笔刷

在 Photoshop 中, 用户可以将任意形状的选区图像定义为笔刷, 由于笔刷中不保存图像的色彩, 因此, 自定义的笔刷均为灰度级。

首先创建准备定义为笔刷的图案区域, 然后执行"编辑 → 定义画笔预设"命令, 打开画笔名称对话框, 输入画笔名称后确定。画笔定义好后, 可以在画笔列表最下面看到它, 此时, 则可以像使用系统内置的笔刷一样使用自定义的笔刷进行绘画了, 并可在"画笔"调板中设置画笔的特殊效果。

若希望自定义的笔刷永久保存, 需将其保存成文件, 笔刷文件扩展名为 ABR, 具体操作为: 首先在画笔样式列表中单击选中要保存的笔刷, 然后单击笔刷下拉调板右上角 ▼

按钮,在弹出的菜单中选择"存储画笔",在打开的"存储"对话框中,输入笔刷的名称,再单击"保存"即可。

四 举一反三

实训1 制作风景插画。

素材见图5-4-7、图5-4-8,效果如图5-4-9所示。

插画主要用于期刊、图书的配图,大小没做要求,绘制时把握好色彩设置。

图5-4-7 素材1

图5-4-8 素材2

图5-4-9 效果图

实训 2 绘制卡通按钮。

素材见图 5-4-10、图 5-4-11,效果如图 5-4-12 所示。

图 5-4-10 素材 1   图 5-4-11 素材 2

彩色徽章,多彩人生

图 5-4-12 效果图

提示：使用定义图案命令、不透明度命令制作背景；使用椭圆选框工具、图层样式命令制作按钮图形；使用椭圆工具、画笔工具、描边路径命令、添加图层蒙版命令制作高光图形；使用横排文字工具添加文字。

拓展任务1——制作竹子图

【拓展目标】 学习画笔调板的使用。

【知识要点】 画笔调板的使用、自定义画笔等，效果如图5-4-18所示。

【任务实施】

步骤1：首先自定义竹竿画笔，如图5-4-13所示。

步骤2：定义竹叶画笔，其过程如图5-4-14至图5-4-17所示。

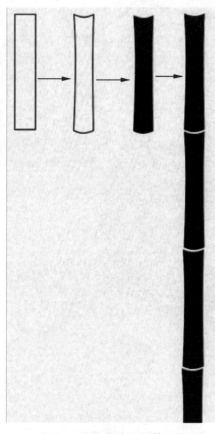

图5-4-13 自定义竹竿画笔

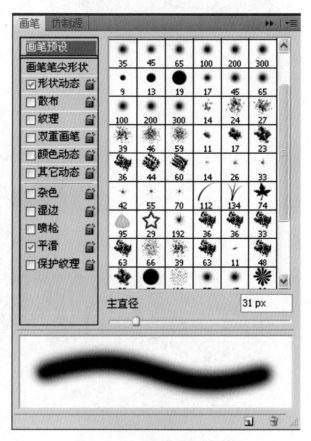

图5-4-14 "画笔预设"对话框

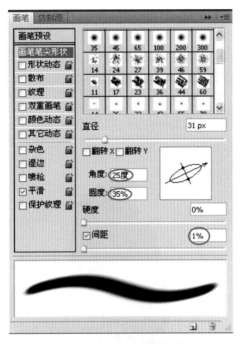

图 5-4-15　设置画笔形状

图 5-4-17　设置画笔其他动态

图 5-4-18　效果图

拓展任务2——彩虹飞鸟图

【拓展目标】 画笔调板的使用、自定义画笔
【知识要点】 素材见图5-4-19 至图 5-4-22,最终效果如图 5-4-23 所示。

图 5-4-19　素材 1

图 5-4-20　素材 2

图 5-4-21　素材 3

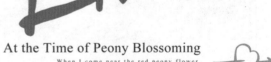

At the Time of Peony Blossoming

When I come near the red peony flower
I tremble as water does near thunder,
as the well does when the plates of earth move,
or the tree when fifty birds leave at once.

The peony says that we have been given a gift,
and it is not the gift of this world.
Behind the leaves of the peony
there is a world still darker, that feed many.

图 5-4-22　素材 4

图 5-4-23　效果图

我们在现实生活中整理图片的时候经常会遇到照片有污损，或者不尽如人意的地方，这时可以使用修图工具对照片修饰编辑，达到满意的效果。比如，可以应用画笔工具和填充工具绘制出丰富多彩的图像效果；使用仿制图章、污点修复、红眼等工具修复有缺陷的图像，等等。

项目导读

在 Photoshop 中，有很多用于修饰、修复图像的工具，比如橡皮工具、修补工具、模糊工具、渐变工具，等等，掌握这些工具的使用方法，可以对图像进行全面或局部修饰和润色。通过本章的学习，读者能够了解和掌握修饰图像的基本方法与操作技巧，应用相关工具快速地仿制图像、修复污点、消除红眼，把有缺陷的图像修复完整。

学习目标

1. 熟练掌握修复与修补工具的运用方法。
2. 掌握修饰工具的使用技巧。
3. 掌握橡皮擦工具的使用技巧。

 **任务1** 使用橡皮擦工具组抠图

一 任务目标

利用"橡皮擦工具""背景橡皮擦工具""魔术橡皮擦工具"等命令，去除背景，将需要的内容放置到另外背景素材中，素材见图6-1-1、图6-1-2，效果如图6-1-3所示。橡皮擦工具组中这三个工具比较简单，本任务就以"背景橡皮擦工具"为例，介绍具体的操作步骤。

图 6-1-1　素材 1

图 6-1-2　素材 2

图 6-1-3　效果图

二　任务实施

步骤 1：打开"橡皮擦素材 1. jpg"和"橡皮擦素材 2. jpg"文件。

步骤 2：选择背景橡皮擦工具，在其工具属性栏中设置参数，如图 6-1-4 所示。

图 6-1-4　背景橡皮擦工具设置

步骤 3：把鼠标放在背景处，此时鼠标会变成圆形。圆形的中心有个十字线，在擦除图像时，Photoshop 会采集十字线位置的颜色，并根据容差范围将圆形区域内类似的颜色擦除。

步骤4:不停地拖动鼠标,即可将所有与十字线位置颜色相似的颜色全部擦除。

提示:如果背景的颜色比较复杂,可以反复执行上面的步骤,直到达到目的为止。使用橡皮擦工具的时候不会保护前景色,擦除要先找边缘;使用魔术橡皮擦工具和前面的魔棒工具相似,不再介绍。

 **三 相关知识点**

(一)制作分析

从任务图片可以看出需要把人物的背景色去掉,使用橡皮擦工具是一种简便去除方式。橡皮擦工具可以用背景色擦除背景图像或用透明色擦除图层中的图像。橡皮工具组中的三个工具,在日常的图像处理制作过程中经常用到。

(二)相关知识

橡皮工具组中包括三种工具:橡皮擦工具、背景橡皮擦工具、魔术橡皮擦工具,如图6-1-5所示。它们共同的特点是都具有擦除(删除)图像的功能,但是它们也有很大的区别。下面就分别介绍:

图6-1-5 橡皮工具组

1.橡皮擦工具

正如同现实中我们用橡皮擦掉纸上的笔迹一样,Photoshop中的橡皮擦就是用来擦除图像像素的,擦除普通图层中的区域将去除像素点表现为透明,擦除有背景图层中的图像,将会以背景色填充所擦区域。

橡皮擦的属性栏如图6-1-6所示,通过它可以对橡皮擦进行设置:

图6-1-6 橡皮擦属性栏

●模式:橡皮擦工具可以选择以画笔笔刷或铅笔笔刷两种模式进行擦除,两者的区别在于画笔笔刷的边缘柔和带有羽化效果,铅笔笔刷则没有。此外还可以选择以一个固定的方块形状来擦除。

● 不透明度和流量：不透明度、流量以及喷枪方式都会影响擦除的"力度"，较小力度（不透明度与流量较低）的擦除会留下产生半透明的效果。

● 抹到历史记录："抹到历史记录"选项的效果同历史记录画笔工具一样，需要配合历史记录调板中的历史记录来使用。

2. 背景橡皮擦工具

背景橡皮擦工具的使用效果与普通的橡皮擦相同，都是抹除像素，可直接在背景层上使用，使用后背景层将自动转换为普通图层。其属性栏与颜色替换工具有些类似。可以说它也是颜色替换工具，只不过真正的颜色替换工具是改变像素的颜色，而背景橡皮擦工具将像素替换为透明而已。通过图6-1-7所示的属性栏可以进行如下设置：

图6-1-7　背景橡皮擦工具属性栏

● 限制：该项用于控制擦除范围，在限制下拉菜单中有三个选项：不连续、临近（连续）、查找边缘。其中，不连续方式，可以将符合条件但是不连续的像素擦除；临近（连续）方式可以将符合条件并且连续的像素擦除；查找边缘方式可以将符合条件的不连续的像素擦除，并保证被擦除部分图像的边缘清晰。

● 容差：该项决定擦除与取样颜色相近的图像的范围，值越大，一次擦掉的图像颜色范围就越大。

● 保护前景色复选框：选择该项，有保护前景色的作用，也就是说，用户即使在取样时，获得了前景色的颜色，背景橡皮擦工具在擦除时也不会擦除这些颜色的图像。

● 取样：背景橡皮擦包含3种取样方式：连续🖌️、一次🖌️、背景色板🖌️。其中，在连续取样方式下，拖动鼠标经过的部分都会被取样，也都会被擦除；在一次取样下，代表以鼠标第一笔所在位置的像素颜色为基准，在容差之内去寻找并消除像素；在背景色板取样方式下，只擦除与当前背景颜色相近的颜色。如图6-1-8所示，为不同取样方式下的擦除效果。

连续　　　　　　　　一次　　　　　　　背景色板

图6-1-8　不同取样方式下的擦除效果

3. 魔术橡皮擦工具

魔术橡皮擦工具的作用与背景色橡皮擦类似，都是将像素抹除以得到透明区域。只是两者的操作方法不同，背景色橡皮擦工具采用了类似画笔的绘制（涂抹）型操作方式，而这个魔术橡皮擦则是区域型（即一次单击就可针对一片区域）的操作方式。

魔术橡皮擦的属性栏如图 6-1-9 所示，从图中可以看出与魔棒工具属性栏很相似。这里的"容差""邻近"和"用于所有图层"的作用与魔棒相似，在此不重复。"不透明度"决定删除像素的程度，100% 的话为完全删除，被操作的区域将完全透明。减小数值的话就得到半透明的区域。如图 6-1-10 所示，是在两种设置下使用魔术棒的擦除效果比较。

图 6-1-9　魔术橡皮擦属性栏

图 6-1-10　两种设置下使用魔术棒的擦除效果

四　举一反三

实训 1　利用魔术橡皮擦工具抠图，并合成新的图形
素材见图 6-1-11，图 6-1-12，效果图 6-1-13 所示。

图 6-1-11　素材 1

图 6-1-12　素材 2

图 6-1-13　效果图

 使用图章工具组去除脸部唇印

　　利用"仿制图章工具""图案图章工具"等命令,将脸部唇印去掉,本任务就以"仿制图章工具"为例,介绍相关知识。素材见图 6-2-1,效果如图 6-2-2 所示。

图 6-2-1　素材图

图 6-2-2　效果图

任务实施

步骤 1：打开"仿制图章素材 1.jpg"，分析人物特征，需要修复的唇印附近包含胡须、嘴角等，在修复时需特殊注意。

步骤 2：选择仿制图章工具，在其工具属性栏中设置画笔的参数，如图 6-2-3 所示。

图 6-2-3　仿制图章工具属性栏

步骤 3：仿制图章工具选取仿制源，鼠标放在图片脸颊处，按住键盘上的 Alt 键盘，当光标变成 ⊕ 标志时，单击鼠标左键，完成图案取样，如图 6-2-4 所示。松开 Alt 键，按住鼠标左键，在唇印没有胡须和嘴角的其他地方涂抹，就会得到如图 6-2-5 所示图案。

图 6-2-4　图案取样　　　　　　　　　图 6-2-5　选取仿制源效果

步骤 4：唇印的嘴角处使用另一面的嘴角进行仿制，操作如下，打开仿制源面板对话框（1 处），选择第二个仿制源按钮（红色框 2 处），选中设置位移参数 W 前按钮（3 处），使仿制源水平方向反转，如图 6-2-6 所示。

Photoshop CC 图像设计项目教程·理论篇

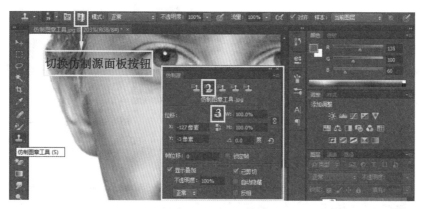

图 6-2-6　切换仿制源

步骤5：设置仿制源属性的画笔大小为57，其他不变，将鼠标放置另一个嘴角处，按 Alt 按键，取嘴角仿制源，如图 6-2-7 所示。

步骤6：将鼠标放置在唇印的嘴角处，观察效果，找到合适的位置，点击鼠标，进行仿制，多点击几次，如图 6-2-8 所示。

图 6-2-7　取嘴角仿制源

图 6-2-8　仿制

步骤7：最后修饰胡须和其他细节，达到最终效果。

　相关知识点

（一）制作分析

根据任务，需要把人物的唇印去掉，使用仿制图章工具是实现的一种方式。这种方式比较直观方便，仿制图章工具组中的两个工具，在日常的图像处理制作过程中经常用到。

(二)相关知识

在图章工具组中共包括2种工具:仿制图章工具、图案图章工具,如图6-2-9 所示。它们共同的特点都具有图案复制功能,但也有不同之处。下面就分别进行介绍。

图6-2-9　图章工具组

1.仿制图章工具

选中仿制图章工具,其属性栏如图6-2-10 所示。在其中有以下几个设置项:

切换仿制源面板按钮

图6-2-10　仿制图章工具属性栏

• 画笔:该设置项决定仿制图章工具复制时的融合效果。使用不同直径的笔刷,将影响绘制范围。而不同软硬度的笔刷,将影响绘制区域的边缘。一般建议使用较软的笔刷,那样复制出来的区域周围与原图像可以比较好地融合,如图6-2-11 所示。

图6-2-11　复制效果

• 切换仿制源面板按钮:打开仿制源对话框,可以设置 5 个仿制源,对每个仿制源设置自己的参数,位移:X 和 Y 设置仿制源的位置,W 和 H 设置水平方向和垂直方向的反转量,如图6-2-12 所示。

• 不透明度和流量:这两项与笔刷的流量和不透明度的设置方法与作用相似,决定复制图案的透明程度。

2.图案图章工具

图案图章工具是要运用图案达到复制的目的,这里的图案可以是图案库中的图案,也可以是自己定义的图

图6-2-12　切换仿制源面板

案(大多使用自己定义的图案)。

选择图案图章工具后,其属性栏如图 6-2-13 所示,看起来与仿制图章工具的属性栏很相似,前几个设置项的设置方法和功能与仿制图章工具相似,其余几个设置项的含义如下:

图 6-2-13　图案图章工具属性栏

• 图案:单击图案下拉按钮会出现如上图所示图案库。在其中的某个图案上单击左键为选中,单击右键可以更改名称或删除图案。点击图案列表右上角的圆三角按钮,会弹出类似笔刷调板中的选择列表,其中有复位图案、载入图案等。其使用方法和效果与笔刷调板一致。

• 对齐:如果开启的话,多次绘制的图案将保持连续平铺特性,如果关闭这个选项,分次绘制出来的图案之间没有连续性。

• 印象派效果:开启之后所绘制出来的图像就带有色彩过渡分明的印象派风格,这些色彩都取自于所选的图案,不过已经看不出图案原先的轮廓了。

使用图案图章工具,用自己提供的图片作为填充图案的使用方法:

(1)打开一幅图片,并选取图像的某一部分作为图案,如图 6-2-14 所示。

图 6-2-14　选取素材

(2)执行"编辑→定义图案"命令,弹出如图 6-2-15 所示的对话框。在名称文本框中输入定义图案的名称(玫瑰花),单击"确定"完成图案的定义。图案会自动添加到图案库的最后面。

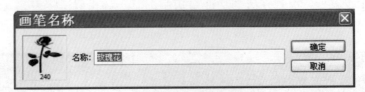

图 6-2-15　设置画笔名称

(3)在工具箱中选中图案图章工具,然后回到其属性栏处,打开图案下拉菜单,在弹出的图案库中找到"玫瑰花"图案。用鼠标在绘图窗口涂抹,结果会得到如图 6-2-16 所示的效果。

图 6-2-16　使用图案图章工具效果

提示:在自定义图案建立图案选区的时候,只能使用矩形选框工具,如果使用其他工具建立选区,可能会导致编辑菜单中的"定义图案"命令失效。

四　举一反三

实训 1　利用仿制图章工具实现图像复制。

根据提供的素材见图 6-2-17,制作如图 6-2-18 所示效果。

图 6-2-17　素材图　　　　　　　　　　　　　图 6-2-18　效果图

任务 3 **制作竹子**

利用"渐变工具""模糊工具""涂抹工具"等命令,设计竹子竹叶。素材见图 6-3-1、6-3-2,效果如图 6-3-3 所示。

图 6-3-1 素材 1

图 6-3-2 素材 2

项目六 修图工具

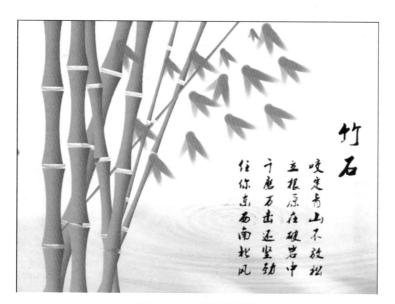

图 6-3-3 最终效果图

二 任务实施

步骤1:新建800*600文件,设置白色背景。

步骤2:新建图层,使用矩形选框工具画一长方形,使用渐变工具,选择两种不同的青绿色,在矩形中做线形渐变,如图6-3-4所示。

图6-3-4 做渐变矩形框

步骤3:利用椭圆选框工具,将矩形做处理,使之圆润自然。如图6-3-5所示。

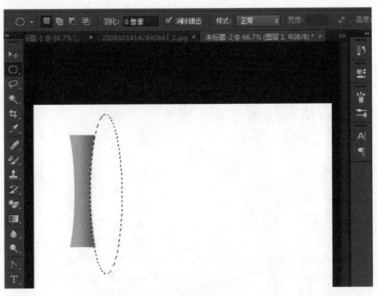

图6-3-5 利用椭圆选框工具处理矩形

步骤4：在新的图层，使用椭圆选框工具描边简单做出竹节如图6-3-6所示。竹节和竹竿不要放同一个图层。

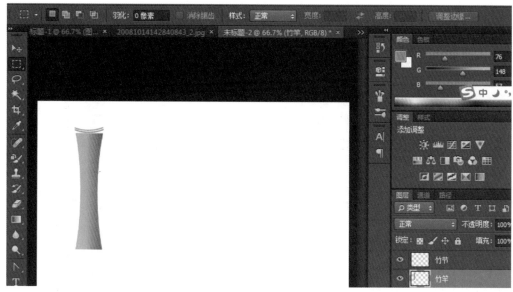

图6-3-6 用椭圆选框工具做竹节

步骤5：使用上面的方法，制作出整个竹竿，如图6-3-7所示。根据竹竿复制形成竹林效果如图6-3-8所示。

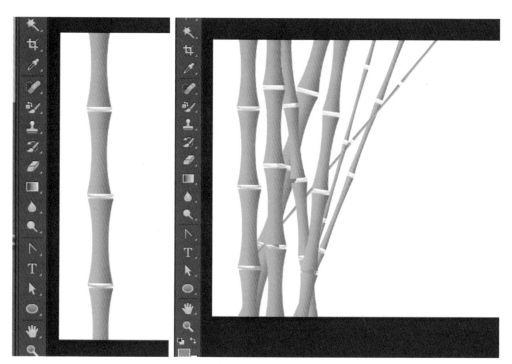

图6-3-7 制作整竹竿　　　图6-3-8 复制成竹林效果

步骤6:新建图层,制作竹叶。选择涂抹工具,掌握画笔的大小和力度,具体参数见如图6-3-9所示,必须选择"手指绘画"。

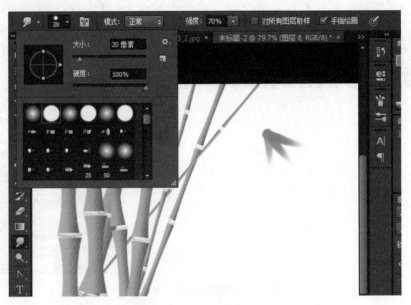

图6-3-9　"手指绘画"设置

步骤7:适量复制竹叶,并调整位置和大小,形成如图6-3-10所示效果。

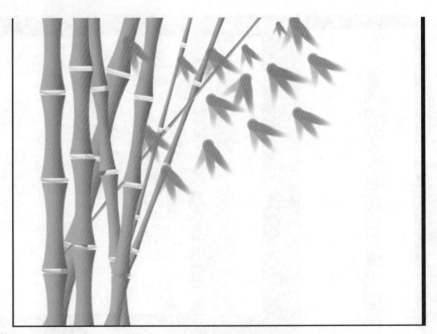

图6-3-10　复制竹叶效果

步骤8:打开"竹子素材1.jpg",复制水波纹效果图片,放置竹子最底层,调整图片大小和位置,如图6-3-11所示。

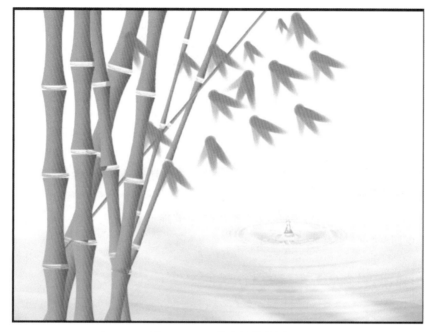

图6-3-11　带水波纹效果

步骤9:打开模糊工具,具体参数如图6-3-12所示,画笔大小:74,硬度:50%,强度:50%,对水波图片上方与天空交接处,进行模糊操作。

图6-3-12　模糊工具设置

步骤10:加水波效果,在水波图片中间位置,使用椭圆选框工具选择合适的椭圆,执行:"滤镜→扭曲→水波",如图6-3-13所示。滤镜效果参数设置:数量:76,起伏:8,效果如图6-3-14所示。

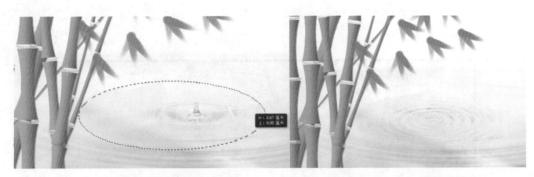

图 6-3-13　选择椭圆　　　　　　　　图 6-3-14　滤镜效果

步骤11：加文字，打开"竹子素材2.jpg"，将文字利用抠图方式提取出来放到合适的位置，并调整大小，形成最终效果。

提示：竹子的画法有很多，本案例主要是使用的涂抹工具画竹叶，在画竹叶的时候，需要测试压力和硬度，直到满意为止。

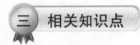

（一）制作分析

根据任务要求制作竹子，需要涉及的技术有模糊工具组中的工具和渐变工具组中的工具，在日常生活中这些工具都会结合其他工具一起对图像操作，以达到预期的效果，这也是平面设计中不可或缺的技术。

（二）相关知识

涉及的工具有模糊工具组和渐变工具组，模糊工具组中，包括三种工具：模糊工具、锐化工具、涂抹工具，如图6-3-15所示。这三个工具的共同点是：都可以对图像进行局部处理。渐变工具组包括三种工具：渐变工具、油漆桶工具、3D材质拖放工具，如图6-3-16所示。

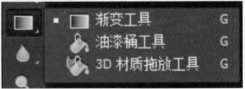

图 6-3-15　模糊工具组　　　　　　　图 6-3-16　渐变工具组

1.模糊工具

模糊工具是将涂抹的区域变得模糊，模糊有时候是一种表现手法，将画面中次要部

Photoshop CC 图像设计项目教程·理论篇

分作模糊处理,这样就可以突出主体,如图6-3-17所示,在没有被模糊工具处理之前花和蝴蝶很清晰,也都很美丽,主题不突出。为了显示蝴蝶为主体就用模糊工具在花和叶子处涂抹,这样就可以突出蝴蝶主体了。

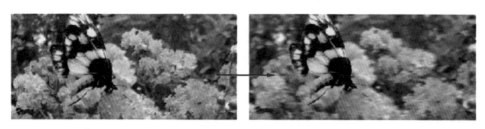

图6-3-17　模糊效果

模糊工具的操作是类似于喷枪的可持续作用,也就是说鼠标在一个地方停留时间越久,这个地方被模糊的程度就越大。模糊工具的属性栏设置项的含义和前面的工具类似,就不再重复介绍。

2. 锐化工具

锐化工具的作用和模糊工具正好相反,它是将画面中模糊的部分变得清晰。模糊的最大效果就是体现在色彩的边缘上,在模糊处理后边缘被淡化,整体就感觉变模糊了。而锐化工具则反其道而行之,强化色彩的边缘。但过度使用会造成意想不到的色斑,如图6-3-18所示。因此在使用过程中应选择较小的强度并小心使用。

图6-3-18　过度锐化效果

另外,锐化工具在使用中不带有类似喷枪的可持续作用性,在一个地方停留并不会加大锐化程度。不过在一次绘制中反复经过同一区域则会加大锐化效果。

3. 涂抹工具

涂抹工具的效果就好像在一幅未干的油画上用手指涂抹一样,在传统的绘画中使用手指或者其他工具对画面进行涂抹也是一种专门的技法，Photoshop 中涂抹工具就是专门为这种需要设置的，选中涂抹工具，可以看到其属性栏如图 6-3-19 所示。在其中有几项设置对涂抹效果影响比较大。

图 6-3-19　涂抹工具属性栏

- 画笔：可以像画笔工具一样选择不同的笔刷类型，涂抹的结果也会大不一样。
- 强度：涂抹强度控制着涂抹工具在图像中产生的涂抹颜色的长度，值越大，长度越大。
- 手指绘画：选中该项，如同用手指蘸上墨水，在画布上涂抹，其涂抹颜色与当前前景色一致。图 6-3-20 就是涂抹工具的"手指绘画"选项的效果。

图 6-3-20　"手指绘画"效果

提示：对于涂抹工具来说，它的功能很强大，对属性栏进行适当的设置，可以制作多种效果，比如可以制作云彩、毛皮效果等，还可以对皮肤美白或去皱；选择一个较柔软的画笔，设置强度值为 8% 左右，不选择手指绘画选项，可以将皮肤嫩化减弱皱纹，如图 6-3-21 所示涂抹工具的美容效果。

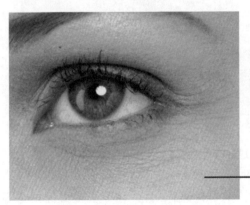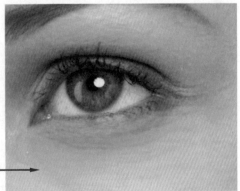

图 6-3-21　涂抹工具的美容效果

4.渐变工具

渐变工具的作用是产生逐渐变化的色彩,在设计中经常使用到色彩渐变,而这也是我们在网页设计时必须使用的。色彩渐变可以通过渐变工具来使用,也可以在图层样式中使用,后者使用的频率更多一些。

选中渐变工具█,其属性栏如图6-3-22所示。

渐变颜色条   渐变类型

图6-3-22   渐变工具属性栏

• 渐变颜色条:渐变颜色条█中显示了当前的渐变颜色,单击右侧的▾,可以打开一个下拉面板,如图6-3-23所示,在其中可以选择预设的渐变。如果直接单击渐变颜色条█,则可以打开"渐变编辑器",如图6-3-24所示。在渐变编辑器中可以编辑定义渐变颜色,也可以将其保存。

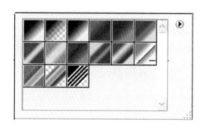

图6-3-23   渐变颜色条下拉面板

图6-3-24   渐变编辑器

• 渐变类型:Photoshop提供了5种渐变样式:线性渐变█、径向渐变█、角度渐变█、对称渐变█、菱形渐变█。每种样式的效果很明显,操作也很简单,在此不再详述操作方法,现将每种渐变样式的效果图一一展示,如图6-3-25所示。

线性渐变   径向渐变   角度渐变   对称渐变   菱形渐变

图6-3-25   渐变样式

- 模式:用来定义渐变的混合模式。
- 不透明度:用来设置渐变效果的不透明度。
- 反向:可以转换渐变中的颜色顺序,得到反方向的渐变结果。
- 仿色:该选项可以在较少的颜色中创建较为平滑的过渡效果。可以防止打印时出现条带化现象。但在屏幕上并不能明显地体现出仿色的作用。
- 透明区域:钩选该选项可以创建透明渐变,其效果如图 6-3-26 所示;取消该选项创建出来的是实色渐变,其效果如图 6-3-27 所示。

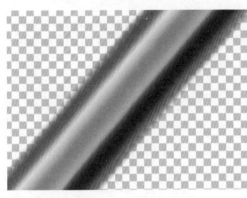 

图 6-3-26　透明渐变　　　　　　　　图 6-3-27　实色渐变

5. 油漆桶工具

油漆桶工具的作用是为一块区域着色,其属性栏如图 6-3-28 所示,从图中可以看到,该工具着色方式可分为前景色填充或图案填充,并且附带了色彩容差的选项。其实际作用就好比先用魔棒工具创建选区后再予以填充。因此大家可以用魔棒工具属性栏中的各个选项的概念来对应油漆桶的各个选项,相比之下,油漆桶工具多出了一个图案填充方式和"所有图层"选项。图案填充的效果与图案图章工具的特点是一样的,即如果填充区域大于图案将产生平铺效果。"所有图层"的作用和其他工具相同,在关闭的情况下只能对所选图层有效。

图 6-3-28　油漆桶工具属性栏

6.3D 材质拖放工具

Photoshop 可以利用自有的或者载入的纹理为 3D 模型添加纹理。3D 材质拖放工具,就是一个简单快捷的方法。3D 材质拖放工具属性栏设置非常简单,打开 3D 文件,只需要选择材质库即可,如图 6-3-29 所示。

图6-3-29　3D材质拖放工具属性栏

实训1　用油漆桶给黑白照上色

打开"油漆桶工具素材1.jpg",见图6-3-30。选择油漆桶工具，设置其填充项为"前景",模式为"颜色"其他为默认值。这里将模式设置为"颜色"的目的是在填充颜色时,可以保留图像中原有的阴影与细节。打开拾色器,将前景色设置为一种皮肤色,然后用油漆桶在脸部和手部单击。采用相同的方法给舌头、衣服、鞋子等上色。设置油漆桶属性栏中的填充选项为"图案",为照片的背景填充一种图案,即可得到如图6-3-31所示效果。

图6-3-30　素材图

图6-3-31　效果图

项目六　修图工具

任务4 制作"出塞"

一 任务目标

使用"污点修复画笔工具""修复画笔工具""修补工具""内容感知移动工具"等命令,将所提供的素材合成新的图形。素材见图6-4-1、6-4-2、6-4-3、6-4-4,效果如图6-4-5所示。

图6-4-1 素材1

图6-4-2 素材2

图6-4-3 素材3

图6-4-4 素材4

图6-4-5 最终效果图

步骤1:打开修复画笔工具素材(图6-4-1至6-4-4)。

步骤2:首先对提供的素材处理,将素材1(图6-4-1)里面的文字"逆风"处理掉,同时将右下角的人物移到中间位置。"逆风"文字使用"污点修复画笔工具",首先设置属性,将画笔大小设置合适的大小。使用"内容感知移动工具"选中右下角的人物,拖到图片中间位置,见图6-4-6所示。

图6-4-6 处理素材1效果

步骤3:素材2(图6-4-2)需要将人物脸部的黑色杂质去掉,需要使用"修复画笔工具"和"修补工具"。然后将人物抠取出来,复制到图6-4-1里面(抠图可以使用"魔术橡皮擦工具"),效果如图6-4-7所示。

图6-4-7 处理素材2效果

步骤4：素材3（图6-4-3）需将"出塞"文字抠取出来，可以使用"魔术橡皮擦工具"将白色删除。将"出塞"文字调整到合适的大小，分别放到合适的位置，效果如图6-4-8所示。

图6-4-8　抠取文字

步骤5：提取素材4（图6-4-4）文字，提取可以使用"颜色范围"命令，也可以使用"魔术橡皮擦工具"，文字复制到中间位置，调整大小，直到达到最终效果。

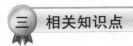 相关知识点

（一）制作分析

"出塞"制作需要使用"污点修复画笔工具""修复画笔工具""修补工具""内容感知移动工具"和前面学习的"魔术橡皮擦工具"等工具。修复画笔工具组中的这些工具，对修复图片有很重要的作用。

（二）相关知识

修复画笔工具组中包含5种工具：污点修复画笔工具、修补画笔工具、修补工具、内容感知移动工具、红眼工具，如图6-4-9所示，这组工具都具有修复图片的功能。

图6-4-9　修复画笔工具组

1. 污点修复画笔工具

污点修复画笔工具可以迅速修复照片中的污点以及其他不够完美的地方。污点修复画笔工具的工作原理与修复画笔相似，即从图像中提取样本像素来涂改需要修复的地方，使修改的地方与样本像素在纹理、亮度和透明度上完全一致。从而达到用样本像素遮盖需要修复的地方的目的。与修复画笔不同的是，污点修复画笔工具不需要指定样本区。它会从需要修复处的四周自动取样。选择污点修

复画笔工具,其属性栏如图6-4-10所示。

图6-4-10　污点修复画笔工具属性栏

- 画笔:所选的画笔应比需要修复的地方稍大一点。
- 模式:可以根据需要在此设置混合模式。
- 近似匹配:以选取边缘的像素为参照来寻找一个图像区域,将这个图像区域作为被选区域的补丁。如果此项没有达到满意的修复效果,可以撤销本次的修复,选择"创建纹理"选项。
- 创建纹理:用选区的所有像素来创建一种纹理,并用这种纹理来修复有污点的地方,如果这种纹理不起作用,可以尝试再次拖动有污点的地方,直到到达满意为止。

　2. 修复画笔工具

　　修复画笔工具和修补工具,其实都是基于我们前面所说的图章工具的派生工具,并弥补了图章工具的一些不足。通过前面的学习我们知道了图章工具对图案的复制是原样照搬的,即让采样区域和复制区域的像素完全一致。这样有时候在两幅色调相差较大的图像之间使用就会形成很不协调的效果。而使用修补工具就可以使复制结果改进,能够提高复制结果与目标区域的协调程度。例如:有现成的两个图片:图片1和图片2,现在分别使用仿制图章工具和修复画笔工具把图片1中的荷花复制到图片2中。最终得到图片3,在图片3中左边的荷花为仿制图章工具复制结果,右边的荷花为修复画笔工具复制的结果。很显然,右边的荷花与目标区域的色调协调得多,如图6-4-11所示。

图1　　　　　　　　　图2　　　　　　　　　图3

图6-4-11　仿制图章工具与修复画笔工具的复制效果比较

修复画笔工具的属性栏如图 6-4-12 所示,与仿制图章工具的属性栏很相似,不同之处是修复画笔工具的图案来源多了一种选择。默认情况下"源"为取样方式,在这种方式下,修复画笔工具与仿制图章工具的使用方法相同,如果选择图案方式,其使用方法又与图案图章工具的使用方法相似,所以关于修复画笔工具的使用方法,在此不再赘述。

图 6-4-12　修复画笔工具属性栏

3. 修补工具

修补工具的作用原理和效果与修复画笔工具是完全一样的,只是它们的使用方法有所区别。首先介绍一下修补工具的属性栏,如图 6-4-13 所示。

图 6-4-13　修补工具属性栏

• 运算方式:修补工具的操作是基于区域的,因此要首先定义好一个区域(与选区类似),和普通的选区一样,这里的选区可以由修补工具创建,也可以由矩形选框工具、套索工具、色彩范围命令等来创建,并且还可以将选区羽化,利用羽化后的选区进行修补可以得到较平滑的修补区域边缘,当然创建选区也可以选择运算方式,进行加、减、交叉等修改,其快捷键也相同。

• 修补:该项有两个设置——源和目标。选择源和选择目标有什么区别呢? 首先我们来明确一下"源"和"目标"的概念。首先创建选区 A,然后从选区往外拖动到一个地方 B。那么原先的选区"A"就是源,拖动到的地方"B"就是目标。那么如果选择修补"源"的话,就意味着"源"被更改,也就是选区内的像素被更改,A 区域被 B 区域中的内容所覆盖。与之相反,如果选择修补"目标"的话,那么就是拖动到达的 B 区域被原先处于选区的 A 区域更改。

• 使用图案:在默认情况下该选项为灰色无效命令,当我们用修补工具或选取工具创建了选区之后该选项就变成有效命令,单击图案库的 ▾ 按钮,弹出图案库,在其中选择一种图案,然后单击"使用图案"按钮,就可将所选的图案填到选区中,如图 6-4-14 所示。

图 6-4-14　所选图案填入选区

4.内容感知移动工具

利用"内容感知移动工具"只需选择图像场景中的某个物体,然后将其移动到图像中的任何位置,经过 Photoshop 的计算,完成极其真实的 PS 合成效果。属性栏见图 6 - 4-15。

图 6-4-15　内容感知移动工具属性栏

- 模式设置:移动和扩展。
- 移动:将选取的区域内容移动到另外的地方。移动之后,软件会自动根据周围环境情况填充空出的区域。
- 扩展:将选取的区域内容移动复制到另外的地方。

5.红眼工具

红眼工具![icon]可以移去用闪光灯拍摄的人物照片中的红眼,也可以移去用闪光灯拍摄的动物照片中的白色或绿色反光。红眼工具![icon]的属性栏如图 6-4-16 所示。

图 6-4-16　红眼工具属性栏

- 瞳孔大小:用来设置瞳孔(眼睛暗色的中心)的大小。
- 变暗量:用来设置瞳孔的暗度。

四　举一反三

实训 1　利用修复画笔工具组中的工具修复图片。
素材见图 6-4-17,效果如图 6-4-18 所示。

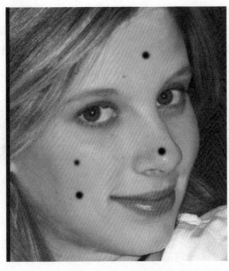

图 6-4-17　素材图　　　　　　　　　　　图 6-4-18　效果图

 **美白牙齿**

一　任务目标

使用钢笔工具勾出人物牙齿；使用减淡工具美白人物牙齿。减淡工具组中这三个工具比较简单，本任务就以"减淡工具"为例，介绍操作步骤。素材见图 6-5-1，效果如图6-5-2 所示。

图 6-5-1　素材图　　　　　　　　　　　图 6-5-2　效果图

任务实施

步骤1:打开"减淡工具素材1.jpg"。

步骤2:选择钢笔工具,将牙齿勾选出来,并将路径转为选区。

步骤3:选择减淡工具,对牙齿选区进行曝光度处理,不停地拖动鼠标,增加美白效果,达成最终效果。

相关知识点

（一）制作分析

美白牙齿图例要求增加白色,是属于局部变亮的,减淡工具就能很好地增加曝光度。

（二）相关知识

减淡工具组包括三种工具:减淡工具、加深工具、海绵工具,如图6-5-3所示。减淡和加深工具主要用途是修补图像,可以使图像的局部颜色变亮或变暗,海绵工具主要用于改变图像色彩的饱和度。

图6-5-3　减淡工具组

1.减淡工具

减淡工具早期也称为遮挡工具,作用是局部加亮图像。其属性栏如图6-5-4所示。

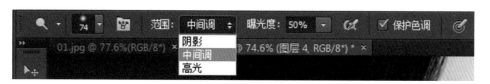

图6-5-4　减淡工具属性栏

• 范围:该选项决定对图像中哪个区域进行处理,默认为中间调,还可以选择暗调、高光,选择不同的范围处理的结果也不一样,如图6-5-5所示。关于高光、中间调、暗调的概念在这里介绍一下,它们是Photoshop中很重要的概念。画面中较黑的部位属于暗调,较白的部位属于高光,其余的过渡部分属于中间调。我们知道像素的亮度值在0至255之间,靠近255的像素亮度较高,靠近0的亮度较低,其余部分就属于中间调。这种亮度的区分是一种绝对区分,即255附近的像素是高光,0附近的像素是暗调,中间调在128左右。

• 曝光度:决定工具的效果明显程度,值越大效果越明显。

• 喷枪:和前面所讲笔刷的喷枪效果相似,开启喷枪选项后,在某一处停留时,有持续效果。

原图　　　　　　　　中间调处理效果　　　　　　　高光区处理结果

图6-5-5　不同范围处理效果示意

2.加深工具

加深工具的效果与减淡工具相反,是将图像局部变暗,其属性栏与减淡工具相同,也可以选择针对高光、中间调或暗调区域,这里就不再介绍了,请大家自己动手体验。

3.海绵工具

海绵工具的作用是改变局部的色彩饱和度,可以使局部的颜色饱和度增加或减少,其属性栏如图6-5-6所示。

图6-5-6　海绵工具属性栏

● 模式:海绵工具有两种模式:加色、去色。选择去色可以将图像颜色逐步减去,选择加色,可以使局部颜色饱和度增加,如图6-5-7所示。

原图　　　　　　　　降低饱和度　　　　　　　　饱和

图6-5-7　海绵工具使用效果示意

● 流量:控制海绵工具效果的明显程度,流量越大效果越明显。
● 喷枪:开启该项也可以在一处产生持续效果。

注意:如果在灰度模式的图像中操作将会产生增加或减少灰度对比度的效果。另外还要注意的是,海绵工具不会造成像素的重新分布,因此其去色和加色方式可以作为互补来使用,过度去除色彩饱和度后,可以切换到加色方式增加色彩饱和度。但无法为已经完全为灰度的像素增加上色彩。

 任务6　制作填充描边字

 任务目标

使用填充和描边命令制作"填充描边"文字,效果如图6-6-1所示。

图6-6-1　效果图

 任务实施

步骤1:新建文件,大小为800*600像素。

步骤2:新建两个图层,在图层2中使用文字工具输入"填充描边"文字,字体大小60。

步骤3:将文字图层与图层1合并,并选取"填充描边"文字选区,使用"Ctrl+T"命令对选区调整大小。

步骤4:选中文字选区,使用"编辑→填充"命令,打开"填充"对话框,如图6-6-2所示,选择自定图案库中的"黄格纸"进行填充。效果见图6-6-3。

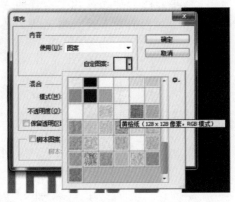
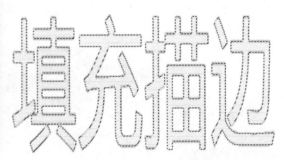

图 6-6-2　"填充"对话框　　　　　　图 6-6-3　填充效果

步骤5：选中文字选区，使用"编辑→描边"命令，打开"描边"对话框，设置参数如图6-6-4 所示，达成最终效果。

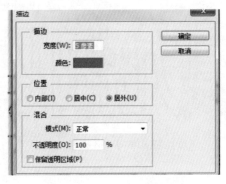

图 6-6-4　"描边"对话框

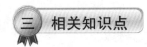 相关知识点

（一）制作分析

　　填充描边文字制作，主要是使用"填充"和"描边"命令，该命令在图片修图中有一定的帮助作用。填充与描边在 Photoshop 中是一个比较简单的操作，但却有别样的意义。利用填充与描边可以为图像制作出美丽的边框、文字的衬底、制作一些漂亮的几何体等让人意想不到的图像处理效果。

（二）相关知识

1. 填充命令

使用"填充"命令可以对当前图层或创建的选区填充颜色和图案，在填充时还可以设

Photoshop CC 图像设计项目教程·理论篇

置填充效果的不透明度和混合模式。如果创建了选区,可填充选区内的图像。如果没有创建选区,则填充整幅图像。注:文本层和被隐藏的图层不能执行填充操作。

　操作:选择"编辑→填充"命令,可打开"填充"对话框如图6-5-5所示。

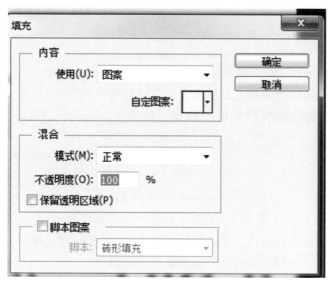

图6-5-5　"填充"对话框

- "前景色"或"背景色":可使用前景色或背景色来填充。
- 颜色:可在打开的"拾色器"对话框中设置填充的颜色。
- 图案:可在"自定图案"选项下拉列表中选择一种填充图案。
- 历史记录:填充时,可将选区或图像恢复为"历史记录"调板中记录的某一状态或快照。
- 其他选项:黑色、50%灰色和白色。
- 模式:设置填充效果与下面图层的混合模式。
- 不透明度:设置填充效果的不透明度。
- 保留透明区域:选择此项后,只填充包含像素的区域,透明区域不会被填充。

2. 描边命令

使用"描边"命令可在选区、路径或图层周围绘制彩色边框。

选择"编辑→描边"命令,可以打开"描边"对话框。

- 宽度:设置描边的宽度,值越高,描边的线条越宽。
- 颜色:可在"拾色器"中设置描边的颜色。
- 位置:设置描边相对于位于选择区或图层的位置,"内部""居中""居外"。
- 模式/不透明度:设置描边颜色与下面图层的混合模式和不透明度。
- 保留透明区域:选择此项,只对包含像素的区域进行描边。

有人说,它是一个管家,让复杂的图像编辑变得简单;有人说,它是七彩的灯光,让普通的图像在瞬间变得多姿多彩。图层就像是几层透明的玻璃,每层玻璃上可以绘有不同的画面,透过层层玻璃叠加起来就会构成一幅美妙的图像。下面让我们开始奇妙的Photoshop 图层之旅……

项目导读

　　图层在 Photoshop CC 中是一个非常重要的功能。在处理图像时,我们所进行的各种操作都与图层有关,通过对其进行各种编辑操作,然后一层层叠加起来就构成一幅精美的图像。需要编辑修改时,可以针对相应的图层单独进行处理,本项目主要介绍图层的编辑、应用及管理等操作。

学习目标

1. 了解图层调板、图层的分类。
2. 掌握图层的创建方法。
3. 掌握图层的基本操作及调整。
4. 掌握为图层添加样式、特效及图层蒙版的操作。
5. 学习图层组及图层管理。

任务1　**蝶恋花壁纸**

一　任务目标

　　制作一个彩色"蝶恋花"美丽壁纸,主要练习在"图层"面板中调整图层顺序、复制图层、运用图层组管理图层,效果如图 7-1-1 所示。

图 7-1-1　效果图

![二]任务实施

步骤 1：选择"文件→新建"命令，打开"新建"对话框，设置文件名称为"蝶恋花"，宽度和高度为 1181 * 886 像素，分辨率为 150 像素/英寸，如图 7-1-2 所示。

步骤 2：单击"图层"面板下方的"创建新图层" 📄 按钮，新建图层 1，如图 7-1-3 所示。

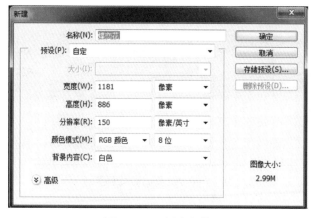

图 7-1-2　新建文件

图 7-1-3　创建新图层

步骤 3：设置前景色为绿色(#75b900)，选择矩形工具在图像窗口中绘制一个矩形选区，然后按"Ctrl+Delete"组合键将选区填充为绿色，如图 7-1-4 所示。

步骤 4：新建图层 2，再绘制一个矩形选区，并且填充为黄色(#f4e911)，放到如图 7-1-5 所示位置。

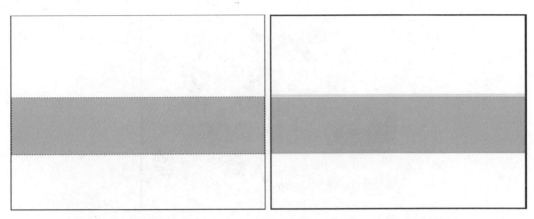

图 7-1-4　绘制矩形选区　　　　　　　　　图 7-1-5　填充黄色

步骤5：这时图层2处于被选择状态，选择"图层→复制"命令，在弹出的对话框中保持默认值，单击"确定"按钮后，得到图层2副本，如图7-1-6所示。

步骤6：使用相同的方法再复制两次图层2，将复制得到的图像参照如图7-1-7所示的方式排列。

图 7-1-6　复制图层

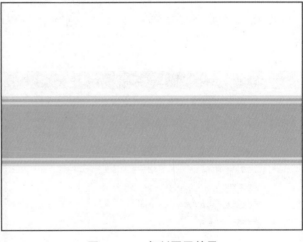

图 7-1-7　复制图层效果

步骤7：打开素材"花1.psd"和"花2.psd"文件，使用移动工具直接将这两个图像文件拖动到当前文件中，适当调整大小后放到如图7-1-8所示的位置。（注意：移动时只选中花所在图层，不要选背景图层。）

步骤8：拖动到"蝶恋花"的素材图像将自动在图层面板中进行编号，选择图层3，也就是黄色菊花图像，选择"图层→排列→前移一层"命令（也可以选中该层移动图层），可以调整图层的顺序。同时按"Ctrl+T"组合键调整花大小，调整后按Enter。

步骤9：调整图层顺序后，黄色菊花图像将放到白色花的下方，如图7-1-9所示。

图 7-1-8 移动素材图层

图 7-1-9 调整图层顺序之后效果

步骤 10:选择图层 3,按住鼠标左键将其拖动到"图层"面板底部的"创建新图层"按钮中,可以得到复制的图层 3 的副本,(也可选中花按 Alt 拖动复制)然后将其放到图层 4(白色花图像)的上方,如图 7-1-10 所示。

步骤 11:将复制的图像适当缩小,然后放到如图所示的位置。然后再复制几次图层 4,并且调整复制的图像大小和位置,如图 7-1-11 所示。

图 7-1-10 复制图层 3

图 7-1-11 复制图形图层 4

步骤 12:打开素材其他鲜花图片,将这些鲜花图像都拖动到"蝶恋花"图像文件中,分别调整不同的图层顺序和图像大小以及位置,如图 7-1-12 所示。

步骤 13:选择所有鲜花图层,然后选择"图层→图层编组"命令,将鲜花图层组成一个图层组,得到组 1,如图 7-1-13 所示。

图 7-1-12　添加鲜花图层

图 7-1-13　图层编组

步骤14：打开素材"树叶1.psd"文件，使用移动工具将其拖动到当前文件中，选择"编辑→变换→缩放"命令缩小图像后，放到鲜花丛中。

步骤15：选择移动工具，将鼠标移动到树叶图像中，按住Alt键拖动树叶图像，将移动复制对象，接着按下"Ctrl+T"组合键变换图像大小和方向。

步骤16：多次复制树叶图像，调整不同的大小后，将其围绕鲜花图像放置，效果如图7-1-14所示。

步骤17：选择所有树叶图像，按下"Ctrl+G"组合键，将其编为组2，并且在"图层"面板中将组1放到组2的上方，如图7-1-15所示。效果如图7-1-16所示。

步骤18：打开素材"树叶2.psd"文件，将其拖动到当前文件中，适当调整大小后放到画面的右上角，并且在"图层"面板中设置它的图层不透明度为80%，效果如图7-1-17所示。

图 7-1-14　复制树叶图像

图 7-1-15　树叶图层编组

图7-1-16　移动组后效果

图7-1-17　调整后效果

步骤19：打开素材"蝴蝶.psd""花瓣.psd"文件。使用移动工具将其拖动到当前文件中，然后按住 Alt 键复制几次对象，效果如图7-1-18所示。

步骤21：新建一个图层组，得到组3，然后在选择组3的情况下，创建一个新的图层，新图层将位于组3中。

步骤22：设置前景色为绿色，然后选择椭圆选框工具绘制一个正圆形选区，按下"Alt+Delete"组合键为选区填充颜色，如图7-1-19所示。

图7-1-18　加入蝴蝶花瓣图像

图7-1-19　绘制绿色椭圆

步骤23：选择"编辑→变换→缩放"命令，适当缩小图像，然后多次复制该对象，放到图像中不同的位置。接着再绘制一个黄色圆形，同样复制多次对象，放到不同的位置。

步骤24：设置前景色为白色，选择画笔工具，在属性栏中选择画笔柔角样式，然后调整不同的笔触大小在图像中单击，绘制出白色星点效果，如图7-1-20所示。

步骤25：选择横排文字工具，在图像左上方输入"蝶恋花"，在属性栏中设置字体

图7-1-20　绘制白色星点

样式、颜色。适当调整后,完成最终效果如图 7-1-1。

 **三 相关知识点**

（一）制作分析

本任务所制作的美丽壁纸,首先需要创建矩形选区作为背景图像,然后打开多个素材图像,通过重叠放置,让花儿形成堆砌状态,再添加一些类似闪烁的大小白色圆点图像作为装饰,起到点缀画面的作用。主要涉及了新建图层、调整图层顺序、复制图层、运用图层组管理图层等内容。

（二）相关知识

图层:与文件等大的透明纸,层与层之间没有任何影响,便于修改,不影响整体效果。学习图层,首先要了解图层调板和图层菜单。对图层的管理主要通过图层菜单和图层调板来完成。

1. 图层的创建及分类

（1）图层的创建

①新建图层:图层→新建→图层。

②复制图层:将图层向"新建"按钮处拖动。

③新建图层背景:图层→新建→图层背景。

（2）图层的分类

①普通图层:最基本最常用的图层。

②背景图层:永远在最下层,默认为被锁定状态,不能移动并无法对背景图层添加图层样式和图层蒙版,并且不能包含透明区域。当清除背景图层选定的区域时,该区域则以当前背景色填充,但对于其他图层,被清除区域则变为透明。

③文字图层:只能用来存放文本,使用文字工具创建文本时自动创建该图层。

④形状图层:只能用来存放形状,利用形状工具绘制形状时自动创建该图层。

⑤调整和填充图层:用来无损调整该图层下方图层中图像的色调、色彩和填充。调整图层参数时,需双击图层缩览图,打开相应对话框。

2. 图层的基本操作

（1）选择图层

①要选择多个连续的图层,可以按住 Shift 键同时单击首尾两个图层。

②要选择多个不连续的图层,可以按住 Ctrl 键同时单击要选择的图层。

注意:按 Ctrl 键单击时,不要单击缩览图,否则将载入该图层的选区,而不是选中该图层。

③要选择所有图层,"选择→所有图层"菜单或按"Ctrl+Alt+A"组合键。

④要选择相似图层(如文字图层)"选择→相似图层"。

（2）复制图层

①选中要复制的图层，将光标拖至"创建新图层"按钮 上。

②选中要复制的图层，"图层→复制图层"菜单或右键"复制图层"。

③如果作了选区，要在选区中单击右键，"通过拷贝的图层"或"通过剪切的图层"，则将选区内的图像创建新图层。

（3）链接图层与取消

①选中两个及以上的图层，单击"链接图层"按钮 。链接后的图层可以同时进行移动、变换、对齐与分布等操作。但如与背景图层链接，则无法移动。

②取消链接：选择一个链接图层，单击"链接图层"按钮 ，则取消链接。

要暂时停用链接图层，按 Shift 键同时单击"链接图层"按钮 ，此时链接图标上出现一个红叉。按住 Shift 键，再次单击"链接图层"按钮 则重新启用链接。

（4）对齐与分布图层　选择"图层→对齐"或"图层→分布"。

（5）调整图层顺序

①选定要移动的图层，按下鼠标将其拖动到指定位置，释放鼠标，即图层被调整。

②选定要改变顺序的图层，选择"图层→排列"。

（6）隐藏或显示图层

①单击要隐藏图层左侧的眼睛图标 ，即隐藏，再次单击此位置，即显示。

②按住 Alt 键单击选定图层名称前面的眼睛图标 ，可以隐藏其他全部图层。

（7）锁定和解锁图层

①锁定层的透明区 ：若按下该按钮，禁止在透明区绘画。

②锁定层编辑 ：若按下该按钮，禁止编辑该图层。

③锁定层移动 ：若按下该按钮，禁止移动该图层。

④锁定层 ：若按下该按钮，禁止对该图层的一切操作。

（8）合并与删除图层

①合并图层：要合并图层，可以选择"图层"菜单，或单击图层调板右上角按钮 ，从打开菜单中选择"向下合并""合并可见图层""拼合图层"。

②删除图层：选中要删除的图层，单击调板下方"删除图层"按钮 ，或直接将要删图层拖至删除图层按钮 。

3. 图层混合模式

（1）调整图层不透明度　通过调整图层的不透明度，可以使图层具有不同的透明效果，从而达到显露图层底部图像的目的。

（2）调整图层的填充　通过调整图层的填充，可以使图层具有不同的透明效果。填充和不透明度的区别是在一个带样式的图层中，不透明度中的值会同时影响当前图层中的图像和样式的透明度；填充中的值只影响当前图层中的图像的透明度，而不影响样式的透明度。

（3）图层的模式　在图像编辑过程中，通过对各个图层的混合模式和不透明度的调整,可以使图像达到意想不到的效果。

4. 图层的合并

在制作图像的过程中,一个图像文件可能会创建很多图层,制作过程中将处理好的图层不断地合并是非常必要的。常见的图层合并有三种,分别是:向下合并、合并链接图层、合并可见图层。

(1)向下合并　向下合并指的是将两个相邻的图层合并在一起,而且是当前图层合并到与之相邻的下面的图层中去,合并后的图层名称为下面图层的名称。以下是最常用的两种方法:

①执行菜单命令法:当具备了向下合并的条件后,可以执行"图层→向下合并"命令,也可以执行图层调板菜单中的向下合并命令都可达到向下合并的目的。

②快捷键法:向下合并最快捷的方法是按住"Ctrl+E"组合键,希望读者要养成使用快捷键操作的习惯。

(2)合并链接图层　如果需要合并不相邻的多个图层,最好先将需要合并的图层链接起来,然后执行"图层→合并链接图层"命令,或执行图层调板菜单中的"合并链接图层"命令,也可以按"Ctrl+E"组合键。

(3)合并可见图层　当一个具有多个图层的文件做好后,则需要将所有的可见图层合并在一起,最好的方法是直接执行"图层→合并可见图层"命令,或执行图层调板菜单中的"合并可见图层"命令,或按住"Ctrl+Shift+E"组合键。

5. 图层组

图层组是更为高级的管理图层的方法,如果制作出有几十个或上百个图层文件后,如不使用图层组管理,将会变得很杂乱。

(1)图层组的创建　图层组的创建与图层的创建相似,执行"图层→新建→图层组"命令,也可执行图层调板菜单中的"新图层组"命令,使用这两种命令都会弹出相应的对话框。可参照新建图层的方法进行设置,然后单击"好"按钮,就会在图层调板中出现相应的图层组。

创建图层组最简单直观的方法是单击图层调板上的创建新组按钮 。用这种方法可快速创建图层组而不会出现新建图层组对话框。新建图层组的名称为组1、组2……

新创建的图层组像空文件夹一样,可以在图层组里创建图层。在图层组中创建图层与新建图层的方法相似,还可在图层组内创建图层组。

(2)组合已有的图层　在工作的中途发现需要图层组,并需要将已有的图层组合为图层组时,可以将需要组合的图层链接起来,然后执行"图层→新建→图层组来自链接图层"命令或者按住"Ctrl+G",可以将链接在一起的图层放在一个图层组中。

如果要将图层组之外的图层添加到图层组中,可以用直接拖拽的方法,将需要的图层拖拽到希望添加的图层组图标上即可。

图层组中的图层可以折叠也可以展开。图层组具有和图层相似的属性,如删除、复制、新建、显示、隐藏、链接等。

6. 图层常用快捷键

F7:调图层面板。

选择移动工具按 Alt 键,拖动图像复制。

Ctrl+单击图层缩览图:调出当前图像选区。

Ctrl+Shift+单击缩览图:加选图层选区。

Ctrl+E:拼合图层。

 **手镯制作**

 **任务目标**

　　用图层样式特效模拟制作玉质手镯效果。新建图层,先绘制一个环形,然后通过为环形添加投影、内阴影、外发光、斜面、斜雕以及渐变叠加等图层样式,制作出手镯。效果如图 7-2-1 所示。

图 7-2-1　最终效果图

二　任务实施

　　步骤 1:新建一个 400 * 400 像素的文件,在背景层中填充深红色(R = 209,G = 49,B = 49),然后执行"滤镜→杂色→添加杂色",打开添加杂色对话框,设置其中的参数,如图 7-2-2 所示,设置完毕单击"确定"按钮。

　　步骤 2:执行"滤镜→模糊→高斯模糊命令"打开高斯模糊对话框,设置合适的参数,如图7-2-3所示,设置完毕单击"确定"按钮,为背景制作红色的毛毯效果,如图7-2-4所示。

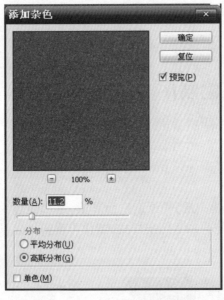

图7-2-2 "添加杂色"对话框

图7-2-3 "高斯模糊"对话框

步骤3:新建一个层,起名为"手镯",在这个图层中,首先拖出两条交叉的参考线(确定手镯中心位置),然后把鼠标放在交叉点,然后按住"Alt+Shift"键,往外拖动鼠标,得到如图7-2-5所示的选区。

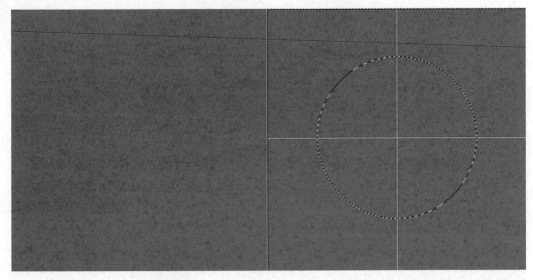

图7-2-4 高斯模糊效果   图7-2-5 确定选区

步骤4:设置前景色为黑色,按住"Alt+Delete"组合键,填充选区,得到如图7-2-6所示的效果。

步骤5：执行"选择→变换选区"然后按住"Alt+Shift"组合键，拖动四个角处的任意控点往里拖动鼠标，拖到合适位置松手，然后按回车键确定，得到如图7-2-7所示的效果。按"Delete"键，将选区内的黑色删除，得到如图7-2-8所示的环形。

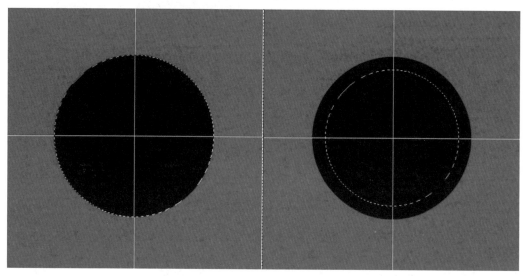

图7-2-6　填充选区　　　　　　　　　　　图7-2-7　变换选区后确定选区

步骤6：单击图层调板上的 ⬮ 按钮，在弹出的菜单中选择投影命令，打开如图7-2-9所示的投影对话框，在其中设置相应的参数值。

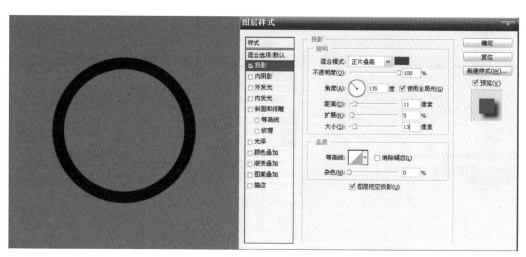

图7-2-8　环形图　　　　　　　　　　　图7-2-9　图层样式对话框

步骤7：在图层样式对话框左侧直接点击"图案叠加"选项，为图层应用图案叠加样式，并切换出该样式的参数设置。在图案选项后面的选择列表中选择第一行第二种图案，并将缩放选项设置为1000%，利用这种样式来模拟玉器的花纹效果。其他各项具体参数设置如图7-2-10所示,设置完毕得到如图7-2-11所示的效果。

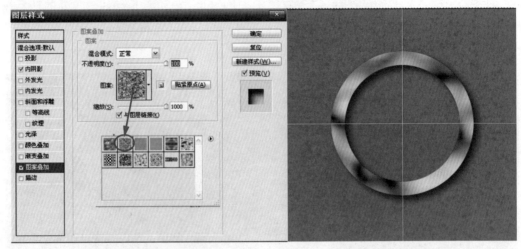

图7-2-10　模拟玉器花纹　　　　　　　　图7-2-11　设置后效果

　　步骤8:在对话框左侧直接点击"颜色叠加"选项,为图层应用颜色叠加样式,并切换出该样式的参数设置。考虑本例中的手镯以蓝色为主色调,所以此处在颜色选项中设置为一种浅蓝色调(R=144、G=217、B=255),当然也可以自行选择喜好的颜色。各项具体参数设置如图7-2-12所示。

　　步骤9:在对话框左侧直接点击"光泽"选项,为图层应用光泽样式,并切换出该样式的参数设置。在颜色选项中设置为一种深蓝色(R=41、G=74、B=108),在轮廓选项中,选择第二排第二个选项。各项具体参数设置如图7-2-13所示,设置完毕得到如图7-2-14所示。

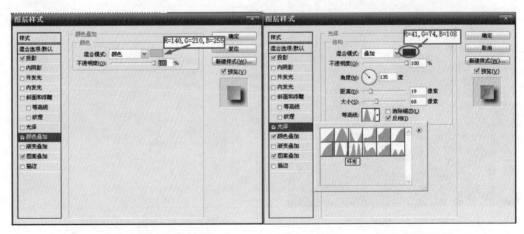

图7-2-12　"颜色叠加"设置　　　　　　　图7-2-13　"光泽"设置

　　步骤10:在对话框左侧直接点击"斜面和浮雕"选项,为图层应用斜面和浮雕样式,并切换出该样式的参数设置。参照图7-2-15所示仔细设置各项参数。注意在高光模式后面的颜色选项中设置一种浅蓝色(R=211、G=224、R=240)。

点击"光泽等高线"选项,弹出轮廓编辑器对话框,在曲线上添加两个节点,并将曲线调整为如图7-2-15右侧箭头所指示的曲线形状。

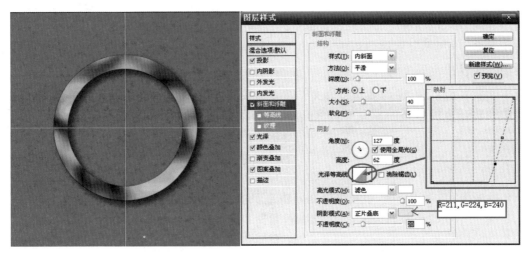

图7-2-14 "颜色叠加"和"光泽"设置后效果　　　　图7-2-15 "斜面和浮雕"设置

步骤11:在对话框左侧直接点击斜面和浮雕选项下面的"等高线"选项,切换出该样式的参数设置。该选项以及下面的纹理选项都是斜面和浮雕选项的分支选项,提供了对斜面和浮雕效果更为精细的调节控制。图7-2-16设置"等高线"选项为第一排最后一个曲线形状,并将"范围"设置为92%。

步骤12:在对话框左侧直接点击"内发光"选项,切换出该样式的参数设置。该样式用于制作物体沿边缘向内发光的效果,此处用来给手镯绘制一圈深色的边缘以增加立体感。在"结构"选项组中,将发光的颜色调整为暗蓝色(R=211、G=224、B=244),并如图7-2-17所示设置对话框中其他参数。

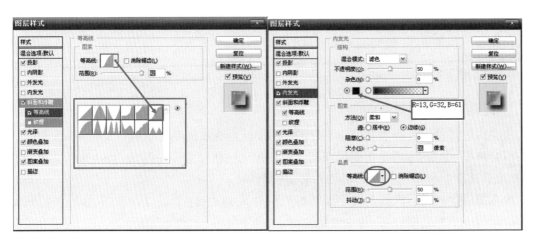

图7-2-16 等高线设置　　　　图7-2-17 "结构"选项组设置

项目七 图层

点击图 7-2-17 中圈选的部分,弹出"等高线编辑器"对话框,在曲线上添加一个节点,并将曲线调整为如图 7-2-18 所示。

步骤 13:由于手镯的横截面为圆形,所以在高光区的对侧,应该有相应的阴影区。下面的就来制作这些阴影。在对话框左侧直接点击"内投影"选项,切换出该样式的参数设置。在"模式"选项后面的颜色设置框中,将颜色调整为深蓝色(R = 7、G = 99、B = 119),并如图 7-2-19 所示设置对话框中其他参数。设置完毕单击"确定"按钮,得到最终效果,如图 7-2-1。

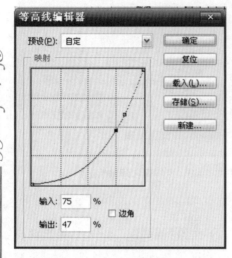

图 7-2-18 "等高线编辑器"设置

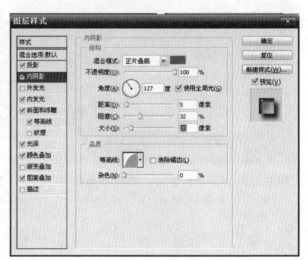

图 7-2-19 "内阴影"设置

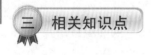

三 相关知识点

(一)制作分析

首先新建图层,利用选区及变换选区绘制环形,然后对环形添加图层样式、特效,再进行图案与颜色叠加,最终实现手镯制作。

(二)相关知识

1. 图层混合样式选项

在讲述各种图层特效之前应该先讲讲图层混合选项的功能。执行"图层→图层样式→混合选项"命令;或者单击图层调板上的添加图层新样式按钮,在弹出来的菜单中选择"混合选项",将弹出如图 7-2-20 所示的对话框。

在图层样式对话框的左侧是图层特效的样式列表,除了混合选项,其余每种特效的前面都有一个复选框,单击某一个复选框,在此处出现一个"√",表明该特效处于有效状态。单击某个"√",就会取消相应的图层特效,需要注意的是这些特效可以同时存在,互不冲突。

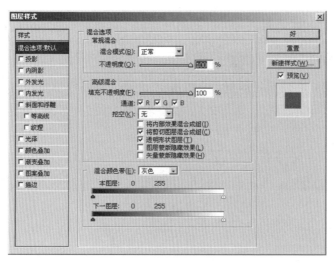

图 7-2-20　混合选项设置

在混合选项组中有混合模式和不透明度,这与图层调板中的混合模式和不透明度的设置是一样的。

2. 图层的样式和特效

Photoshop CC 为图层提供了多种特效,包括投影、内阴影、外发光、内发光、斜面和浮雕、光泽、颜色叠加、渐变叠加、图案叠加、描边等。这 10 种图层特效的效果各不相同,但是操作过程与设置方法类似。

①投影效果:用于模拟物体受光照射时产生的效果,以增强图像的立体感及透视效果,如图 7-2-21 所示。

②内阴影效果:沿图像边缘向内产生投影效果,如图 7-2-22 所示。

图 7-2-21　阴影效果　　　　　　　　　　图 7-2-22　内阴影效果

③外发光效果:指在图层中图像的边缘外部创建发光效果,如图7-2-23所示。
④内发光效果:与外发光效果在产生的方向上刚好相反,它是沿图像边缘向内产生发光效果,如图7-2-24所示。

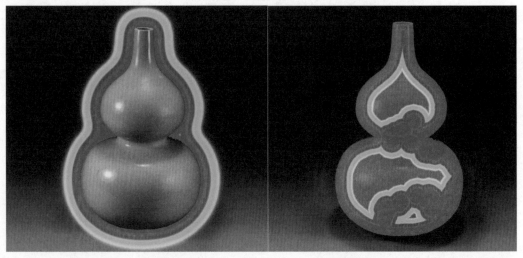

图7-2-23　外发光效果　　　　　　　　图7-2-24　内发光效果

⑤斜面和浮雕效果:是指使图像产生浮雕般效果,如图7-2-25所示。
⑥光泽效果:可在图像上填充颜色,并在边缘部分产生柔化效果,如图7-2-26所示。

图7-2-25　斜面和浮雕效果　　　　　　图7-2-26　光泽效果

⑦颜色叠加效果:使用一种颜色覆盖在图像表面,如图7-2-27所示。
⑧渐变叠加效果:使用一种渐变颜色覆盖在图像表面,如图7-2-28所示。
⑨图案叠加效果:使用一种图案覆盖在图像表面,如图7-2-29所示。
⑩描边效果:沿图像边缘填充一种颜色,如图7-2-30所示。

图 7-2-27　颜色叠加效果

图 7-2-28　渐变叠加效果

图 7-2-29　图层叠加效果　　　　　　图 7-2-30　描边效果

3. 图层复合

"图层复合"控制面板可将同一文件中的不同图层效果组合并另存为多个"图层效果组合",可以更加方便快捷地展示和比较不同图层组合设计的视觉效果。

选择菜单"窗口→图层复合"命令,弹出"图层复合"控制面板。

单击"图层复合"控制面板右上方的图标,在弹出式菜单中选择"新建图层复合"命令,弹出"新建图层复合"对话框,可创建图层复合。

4. 盖印图层

盖印图层是将图像窗口中所有当前显示出来的图像合并到一个新的图层中。

在"图层"控制面板中选中一个可见图层,选择"Ctrl+Alt+Shift+E"组合键,将每个图层中的图像复制并合并到一个新的图层中。

5. 智能对象

智能对象全称为智能对象图层。智能对象可以将一个或多个图层,甚至是一个矢量图形文件包含在 Photoshop 文件中。

项目七　图层

151

选择菜单"文件→置入"命令为当前的图像文件置入一个矢量文件或位图文件。

选中一个或多个图层后，选择菜单"图层→智能对象→转换为智能对象"命令，可以将选中的图层转换为智能对象图层。

在 Illustrator 软件中对矢量对象进行拷贝，再回到 Photoshop 软件中将拷贝的对象进行粘贴。

实训 1 制作水晶球效果。

使用添加图层样式命令为图像添加特殊效果。素材见图 7-2-31、图 7-2-32，效果如图 7-2-33 所示。

图 7-2-31　素材 1

图 7-2-32　素材 2

图 7-2-33　效果图

任务3 **绘制水晶玫瑰**

使用图层样式绘制水晶玫瑰,主要通过使用图层样式、选区及路径来实现,效果如图7-3-1 所示。

图 7-3-1　效果图

 任务实施

步骤 1:新建一个 600 * 400 像素,分辨率为 72 的 RGB 图像,如图 7-3-2 所示。

图 7-3-2　新建图像

步骤 2：使用钢笔工具绘制出一个玫瑰花的路径，如图 7-3-3 所示。

步骤 3：按"Ctrl+Enter"组合键将路径转化为选区，如图 7-3-4 所示。

图 7-3-3　绘制玫瑰花路径　　　　　　图 7-3-4　转化为选区

步骤 4：新建图层，给选区填充颜色，这里的颜色可以任意选取，后面会进行更改的，如图 7-3-5 所示。

步骤 5：取消选区，将图层 1 复制一个放置在最上层，如图 7-3-6 所示。

图 7-3-5　填充颜色　　　　　　图 7-3-6　复制图层

步骤 6：选中图层 1 副本层，然后选择工具箱中的套索工具，选中玫瑰花朵，如图 7-3-7 所示。

步骤 7：然后依次按"Ctrl+X"和"Ctrl+V"快捷键，将选区内的花朵粘贴在一个新的图层中，将位置放好，并将该图层命名为"花朵"层，如图 7-3-8 所示。

图 7-3-7　玫瑰花朵

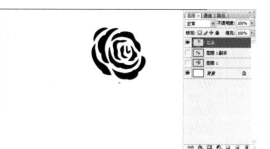

图 7-3-8　新建花朵图层

步骤 8：回到图层 1 副本层，用套索工具选取花茎部分，再依次按"Ctrl+X"和"Ctrl+V"快捷键，将花茎粘贴在一个新的图层，将位置放好，并将图层命名为"花茎"层，如图 7-3-9 和 7-3-10 所示。

图 7-3-9　选取花茎　　　　　　　　　　　图 7-3-10　新建花茎图层

步骤 9：此时图层 1 副本层只剩下两片花叶，将该图层重命名为"花叶"层，如图 7-3-11 所示。

步骤 10：选中"花朵"层，执行"窗口→样式"命令，打开样式调板，如图 7-3-12 所示。

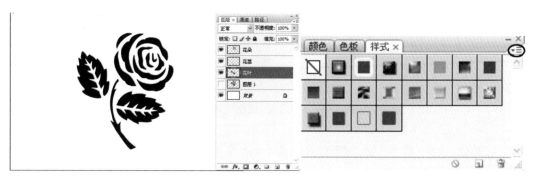

图 7-3-11　新建花叶层　　　　　　　　　　图 7-3-12　样式调板设置

步骤 11：点击样式调板右上角的 ，弹出样式调板下拉菜单，如图 7-3-13 所示，在其中选择 Web 样式，会弹出如图 7-3-14 所示的对话框，选择"追加"按钮，此时样式调板的样式就会变得更多,在其中选择"红色胶体"样式,花朵效果如图 7-3-15 所示。

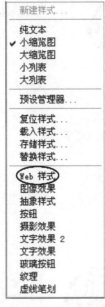

图 7-3-13　Web 样式　　　　　　　　图 7-3-14　替换当前样式对话框

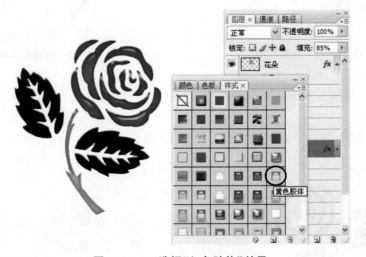

图 7-3-15　选择"红色胶体"效果

步骤 12:选择"花茎"层,使用样式调板中的"黄色胶体"样式,花茎效果如图 7-3-16 所示。

步骤 13:同理,选择"花叶"层,使用"绿色胶体"样式,花叶效果如图 7-3-17 所示。

步骤 14:制作一个背景,并将所有图层显示,完成最终效果。

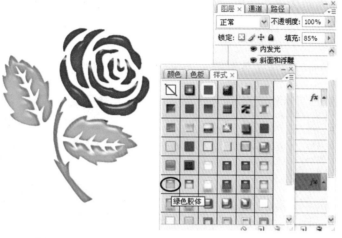

图 7-3-16　选择"黄色胶体"效果

三　相关知识点

（一）制作分析

一个图像可以同时拥有若干个图层特效,当一个图像同时使用几个不同的图层特效时,就可以形成一种新的组合特效,这些特效组合在一起就是图层样式。

（二）相关知识

1. 图层样式管理

Photoshop 专门提供了图层样式调板,通常样式调板与颜色调板、色板调板组合在一个调板组中,如果当前图层样式调板没有显示,可以执行"窗口→样式"命令打开样式调板,如图 7-3-17 所示。通过单击样式调板右上角的 ▶ 按钮,可以打开样式调板菜单,该菜单可以完成与样式有关的很多操作,比如载入样式、复位样式、保存样式,等等。

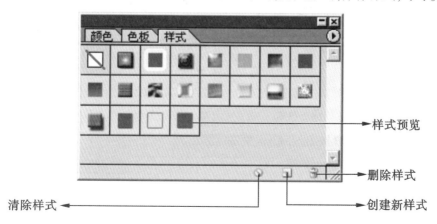

图 7-3-17　图层样式调板

应用图层样式很方便,先选中需要应用样式的图层,然后再单击样式调板中某种样式预览图块即可,如图 7-3-18 所示。应用了图层样式后,可在图层调板上看到,使用了样式的图层的下方显示着所使用样式是由那几种特效组合在一起的,如图 7-3-19 所示,表明当前所用样式是由投影、斜面和浮雕、渐变叠加共同组合而成。

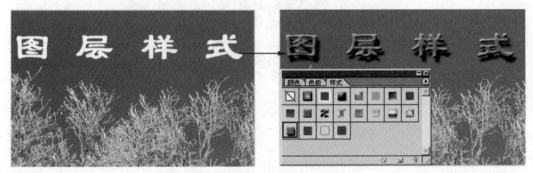

图 7-3-18　使用图层样式效果前后比较

提示:一个图像在一个图层同时只能使用一种样式。

2. 创建新样式

对于一个应用了若干图层特效的图层,如果希望这种效果能够作为一种样式存在,就可以通过创建新样式来实现。图 7-3-20 中的文本图层同时应用了外发光、斜面和浮雕、光泽、图案叠加等 4 种特效。如果把这 4 种特效创建成样式,首先选中文本层,然后单击样式调板上的创建新样式按钮 ,会弹出如图 7-3-21 所示的对话框,根据需要进行设置,设置完毕单击"好"按钮完成创建。可以看到,新创建的样式会自动出现在样式调板的最后面。

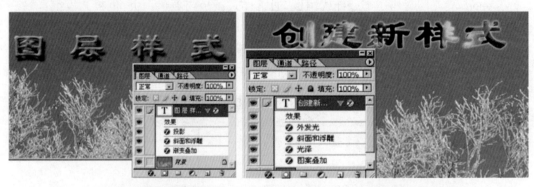

图 7-3-19　样式所包含的图层特效　　　　图 7-3-20　选中带特效的图层

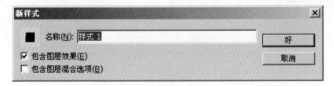

图 7-3-21　创建新样式对话框

提示：对于没有使用任何特效的图层，无法创建新样式。

实训1 制作浪漫贺卡。

使用添加图层样式、特效等制作浪漫贺卡。素材见图7-3-22、图7-3-23，最终效果如图7-3-24所示。

图7-3-22 素材1   图7-3-23 素材2

图7-3-24 最终效果图

五　课外拓展

拓展任务 1——打造室内瀑布效果

【拓展目标】　学习使用图层的混合模式功能,实现图像的完美合成。

【知识要点】　主要使用图层的混合模式、图层蒙版等合成制作室内瀑布效果,素材见图 7-3-25、7-3-26、7-3-27、7-3-28,最终效果如图 7-3-29 所示。

图 7-3-25　素材 1

图 7-3-26　素材 2

图 7-3-27　素材 3

图 7-3-28　素材 4

图 7-3-29　最终效果图

拓展任务2——浪漫贺卡

【拓展目标】　学习使用图层的混合模式功能,实现美丽的浪漫贺卡。

【知识要点】　主要使用图层的混合模式、图层蒙版等合成制作浪漫贺卡,素材见图
7-3-30、7-3-31、7-3-32,最终效果如图 7-3-33 所示。

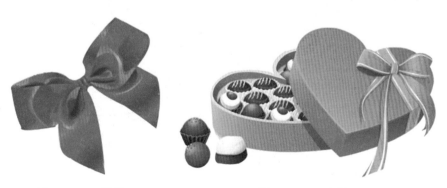

图 7-3-30　素材 1　　　　　　　　　图 7-3-31　素材 2

图 7-3-32　素材 3

图 7-3-33　最终效果图

项目八

文本操作

文字在 Photoshop 中是一种很特殊的图像结构，它由像素组成，与当前图像有相同的分辨率，字符放大时也会有锯齿，但它同时又有基于矢量边缘的轮廓，可以在调整文字大小时文字边缘保持清晰，不依赖于图像的分辨率，因此具有点阵图像与矢量图像等多种属性。

项目导读

本项目将学习 Photoshop 中文本的应用技巧。通过本项目的学习，读者将可以运用各种文本属性来更好的表达图像的意义，丰富画面的效果。

学习目标

1. 熟练掌握文字的输入和编辑的技巧。
2. 熟练掌握创建变形文字和路径文字的技巧。

 任务1 唐诗宋词鉴赏

 一 任务目标

利用横排、竖排文字工具输入所需的文字，使用字符面板和段落面板编辑文字，素材见图 8-1-1，效果如图 8-1-2 所示。

图 8-1-1 素材图

图 8-1-2 效果图

步骤1：打开"实例素材\PS8\1.JPG"文件（图8-1-1）。

步骤2：选择"竖排文字"工具，在适当的位置拖拽鼠标绘制文本框，输入需要输入的文字，并打开"字符面板"对文字进行设置，如图8-1-3所示，字体：方正舒体，大小：20点，并调整到合适位置。效果如图8-1-4所示。

图8-1-3　字符面板

图8-1-4　输入文字

步骤3：选择"横排文字"工具，在适当的位置点击鼠标，输入文字"唐"，并打开"字符面板"对文字进行设置，如图8-1-5所示，字体：华文行楷，大小：200点，颜色：R=116，G=30，B=12，并调整到合适位置。效果如图8-1-6所示。

图8-1-5　设置文字"唐"

图8-1-6　输入"唐"效果

步骤4:按照步骤3的方法,分别输入"宋"、"诗"、"词"三个字,参数设置分别如图8-1-7、图8-1-8、图8-1-9所示,效果如图8-1-10所示。

"宋"字体:华文中宋,大小:120点,颜色:R=51,G=40,B=82。

"诗"字体:华文新魏,大小:120点,颜色:R=51,G=46,B=42。

"词"字体:华文中宋,大小:90点,颜色:R=51,G=46,B=42。

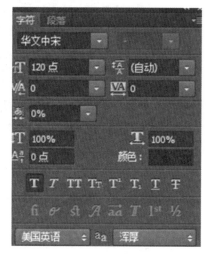

图8-1-7 设置文字"宋"

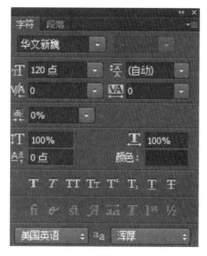

图8-1-8 设置文字"诗"

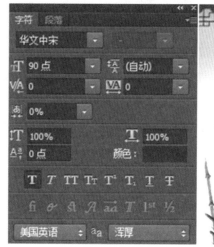

图8-1-9 设置文字"词"

图8-1-10 文字输入效果

步骤5:新建一个图层,使用"椭圆选框工具"画出选区,并为其填充颜色(R=142,G=157,B=216),调整到合适位置,效果如图8-1-11所示。

步骤6:按照步骤3的方法,分别输入"鉴""赏"两个字,参数设置如图8-1-12所示,字体:华文中宋,大小:72点,颜色:R=255,G=255,B=255。并调整到合适位置,效果如

图 8-1-13 所示。

步骤 7：选择"横排文字"工具，在适当的位置拖拽鼠标绘制文本框，输入文字，并打开"字符面板"对文字进行设置，如图 8-1-14 所示，字体：华文中宋，大小：18 点，颜色：R＝51，G＝40，B＝82。并调整到合适位置，达到最终效果，如图 8-1-2 所示。

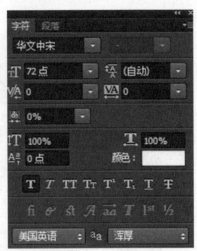

图 8-1-11　画出椭圆选区并填充　　　　　图 8-1-12　文字"鉴""赏"设置

图 8-1-13　文字设置效果　　　　　　图 8-1-14　横排文字设置

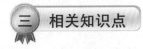 相关知识点

（一）制作分析

灵活掌握点文字及段落文字的创建及设置，并能利用字符浮动面板和段落浮动面板对文字格式进行编辑。

Photoshop CC 图像设计项目教程·理论篇

(二) 相关知识

文字工具组共包括 4 种文字工具：横排文字工具、直排文字工具、横排文字蒙版工具、直排文字蒙版工具。如图 8-1-15 所示。

文字工具类型大致可分为：

▶横排文字和直排文字工具可在新的图层上建立文字。

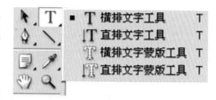

图 8-1-15　文字工具组

▶横排文字蒙版和直排文字蒙版工具用来创建文字外形的选区。

1. 文字工具属性栏

在文字工具组中，不管选用哪种文字工具，其属性栏都会出现如图 8-1-16 所示的几个设置项。其中文字字体、字号、颜色等是文字的重要表现形式，所以在使用文字工具时对这些属性设置很重要。

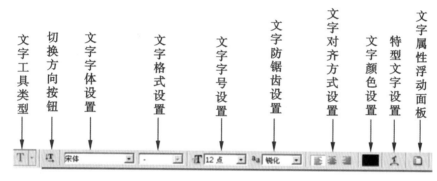

图 8-1-16　文字工具属性栏

● 文字排列方向：在实际应用中，最常用的文字排列方向有 2 种，横排方向即水平方向、直排方向即垂直方向。效果如图 8-1-17 所示。

图 8-1-17　两种文字的排列效果

提示：中途改变文字排列方向，将针对整个图层进行操作。也就是说，一旦改变，某一个图层上的所有文字方向同时改变。另外，要改变文字方向，只选中文字所在的图层还不行，还要将其中的文字选中。

●字体：用于设定文字的字体。

●字号：用于设定文字的大小，在 Photoshop 中，字号的单位为磅。我们可以直接通过下拉菜单选定，也可以在字号设置的文本框中输入相应的数字。

●文字抗锯齿：用于消除文字的锯齿，包括无、锐利、犀利、浑厚和平滑五个选项，在默认情况下为锐利。

●对齐：用于设定文字的对齐方式，需要说明的是选择不同文字方向的工具时，文字工具属性栏中的对齐方式设置项是不同的。如图 8-1-18 所示。

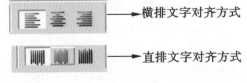

图 8-1-18　两种文字对齐方式设置

●文字颜色：单击设置文字颜色的小色块，就会弹出拾色器对话框，在其中可以随意设置文字的颜色。

●特型文字设置：用于对文字进行变形操作。

2. 输入文字

（1）文字图层　在 Photoshop 中文字和普通图像的区别在以不同类型的图层体现。使用文字工具在创建文字的同时会产生一个相应的文字图层，并且文字图层的名称为所输入的文字内容，在图层预览窗口中显示白底黑色英文字母"T"作为文字图层的标记，如图 8-1-19 所示。

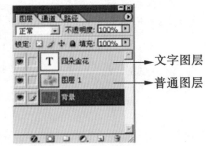

图 8-1-19　文字图层

可以说文字图层是一种特殊图层，在文字图层中记载了文字的字体、字号、文字颜色等文字属性信息，用户可以在图像编辑过程中随时对文字图层中的内容和属性进行各种编辑和修改，这是普通图层所不具备的。

Photoshop 的各种绘制工具对文字图层都不起作用。但文字图层可以转换为普通的图层。操作方法：选中某文字图层→右击该文字图层→在打开的快捷菜单中选择像素化命令或栅格化命令，即可将文字图层转换为普通图层，如图 8-1-20 所示。

（2）创建点文字和段落文字

1）点文字：每行文字都是独立的，行的长度随着文本的编辑增加或缩短，但不会自动换行。若要换行则必须按回车键（注意不要使用小键盘上的 Enter 键）。

创建点文字的方法（以创建横排文字为例）：

●选中 **T** "横排文字"工具，然后把鼠标放在打开的图像或者画布上单击。

●直接在文字输入光标后输入文字，如果不使用 Enter 键，文字将不会自动换行。最后单击属性栏上的 ✓ 按钮或者按住数字小键盘上的回车键即可退出文字录入状态，切换到其他图层或选择其他工具也可以结束文本输入状态。

•输入的文字将生成一个新的文字图层。

2)段落文字:文字基于定界框的尺寸换行。可以输入多个段落并选择段落对齐方式。

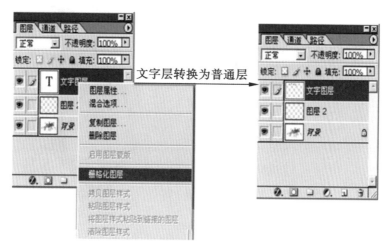

图 8-1-20　文字图层转换为普通图层

创建段落文字的方法(以创建横排文字为例):

•选择文字工具,在图中单击并拖动光标,图像中出现一个虚线框,松开鼠标即可得到"段落控制框",如图 8-1-21 所示。

•然后在段落控制框中输入文本内容,文字将根据段落控制框的大小形状来判断是否要自动换行,需要分段的话可以使用回车键,其余部分与点文字输入相同,如图 8-1-22 所示。

•输入的文字将生成一个新的文字图层。

图 8-1-21　设置"段落控制框"

图 8-1-22　输入文本内容

3)点文字和段落文字也可以相互转换,具体操作是执行"图层→文字→转换为段落文字"命令,就可以将点文字转换为段落文字。反过来,执行"图层→ 文字→ 转换为点文字"命令,就可以使段落文字转换为普通文字了,如图 8-1-23 所示。

图 8-1-23 点文字转换普通文字

(3)创建文字选区 横排文字蒙版工具和直排文字蒙版工具不能产生文字图层,用它们可以在当前图层上输入文字,确定后输入的文字变成文字选区,如图 8-1-24 和 8-1-25 所示。

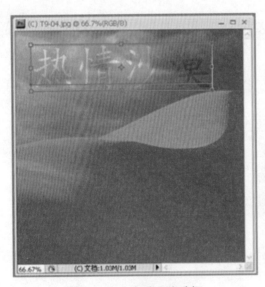 

图 8-1-24 创建文字选框　　　　　　　　图 8-1-25 文字选区

在图 8-1-25 中的文字只能算是选区,它不能够与图像一起保存,如果想使这些选区成为真正的文字保存起来,就要在选区里填上内容,填充完毕,取消选区即可,如图 8-1-26 和 8-1-27 所示。

图 8-1-26　填充　　　　　　　　　　　　　图 8-1-27　取消选区

3. 编辑文字格式

（1）字符浮动面板　单击文字工具属性栏上的■按钮，可以打开如图 8-1-28 所示的字符和段落浮动面板，在其中可以对文字进行更多属性设置。在本小节里只介绍字符浮动面板。

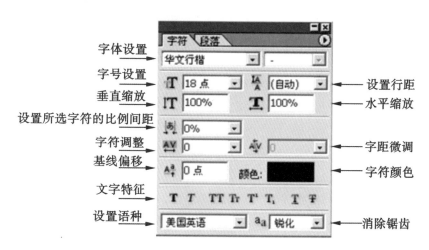

图 8-1-28　字符和段落浮动面板

字符浮动面板中的很多设置项与文字工具的属性栏中的相同，如字体、字号、字体颜色和边缘抗锯齿设置，另外还有很多文字工具属性栏中所没有的。下面就介绍几种重要的设置项。需要说明的是在文字工具栏中对文字格式的设置必须选中文字才行，而在字符浮动面板中设置就不受该限制。

● 垂直和水平缩放:可以改变字符水平和垂直方向的压缩比,图8-1-29分别在水平和垂直方向上设置压缩比为50%的效果。当然可以输入大于100%的数值将使字符在水平或垂直方向上放大。

● 字符间距:该项用于控制文字字符之间的距离。要改变字间距,可以通过单击所选文字字符间距下拉列表框,在打开的下拉列表框中选择相应的数值,也可以直接输入数字自定义字符的间距。

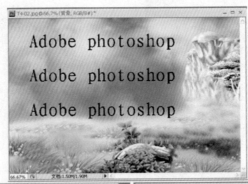

图8-1-29　垂直和水平绽放效果

● 基线偏移:调整该项可以改变字符在当前行所在的位置高度。往往在需要强调文字的内容时用到该项。它可以通过直接输入数值的方法设置,图8-1-30为调整基线前后的效果比较。

图8-1-30　调整基线前后效果对比

• 文字特征：该项可以设置文字的加粗、倾斜、字母全部大写拼写、小型大写拼写、上标文字、下标文字、下划线、删除线文字等效果。文字的加粗、倾斜、下划线与在 Word 中的效果相同，下面就演示剩余几个特征的效果。

• 字母全部大型大写拼写效果：单击字符面板中的 TT 按钮，可以将所有的小写字母全部转换为大型大写拼写，其效果如图 8-1-31 所示。

• 字母全部小型大写拼写效果：单击字符面板中的 Tr 按钮，可以将小写字母转换为小型大写拼写，如图 8-1-32 所示。

图 8-1-31　小写字母转换为大型大写拼写效果　　　图 8-1-32　小写字母转换小型大写字母效果

• 上标文字和下标文字效果：分别单击字符面板中的 T¹ 按钮和 T₁ 按钮，会得到如图 8-1-33 和 8-1-34 所示的效果。

图 8-1-33　上标文字　　　　　　　　　　图 8-1-34　下标文字

• 删除线效果：单击字符浮动面板上的 T 按钮，会得到具有删除线效果的文字，如图 8-1-35 所示。

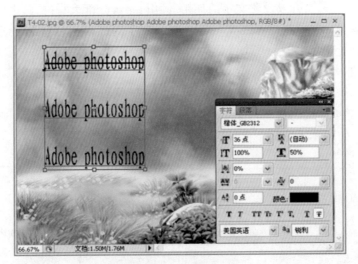

图 8-1-35　删除线效果

（2）段落浮动面板　对段落文本的文字字符编辑，还要借助字符浮动面板，但是如果对段落的排版形式等编辑则需要使用段落属性浮动面板，如图8-1-36所示。

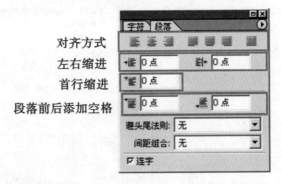

图 8-1-36　段落属性浮动面板

1）对齐方式：在段落浮动面板中共有 7 种对齐方式见图8-1-36，这 7 种对齐方式从左到右依次为：左对齐文本、居中文本、右对齐文本、最后一行左对齐文本、最后一行居中对齐文本、最后一行右对齐文本、全部对齐文本。下面看一下它们的对齐效果。

●文本的前三种对齐效果：针对当前图层中选中段落中文字的对齐操作，效果如图8-1-37 所示。

●末行对齐方式：末行左对齐的效果是先将选中段落中的文字左右齐行，然后将最后一行文字对齐在文本框的左侧，如果一个段落只有一行，将被视为最后一行；末行居中对齐是先将选中段落中的文字左右齐行，然后将最后一行文本对齐在文本框的中间；末行右对齐是将当前选中段落中的文字左右齐行，然后将最后一行文字对齐在文本框的右侧。

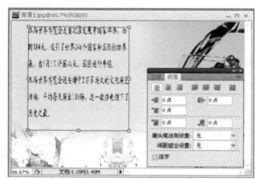
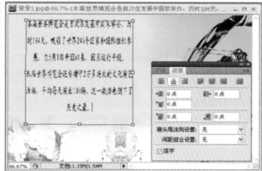

图 8-1-37　三种对齐效果

● 全部对齐方式：该方式也称为是左右齐行方式，其效果是将选中段落中的文字强行均匀地排列在当前行，如果该行中文字较少，那么就会比较稀松的排列，如果段落只有一行将被视为最后一行，效果如图 8-1-38 所示。

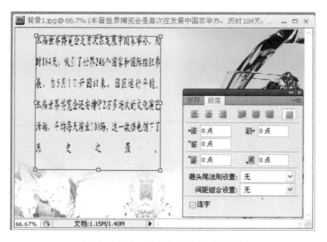

图 8-1-38　全部对齐方式效果

2）左缩进、右缩进、首行缩进：左缩进、右缩进、首行缩进等都是更细致的段落设置项,它们的设置与 Word 中的相关设置相似,在此不再赘述。

3)段落前后添加空格:该项设置在 Word 中通常称为段前距离和段后距离,它的设置可以使段落与段落之间有一定的距离,通常用户会使用几个空格或空行来实现,但是如果要求这个距离不是整行的倍数,就需要在段落浮动面板中自定义这个距离。

4)段落文字的整体编辑:普通文字与段落文字的区别在于单击段落文字后周围会出现 8 个控点,用户可以通过调整这个文本框实现对段落文字的移动、缩放、旋转、斜切等操作,这些操作与选区的相关变换类似。

实训 1　利用文字蒙版工具制作填充文字。最终效果如图 8-1-39 所示。

图 8-1-39　蒙版工具制作填充文字效果

实训 2　使用蒙版文字工具制作立体文字。最终效果如图 8-1-40 所示。

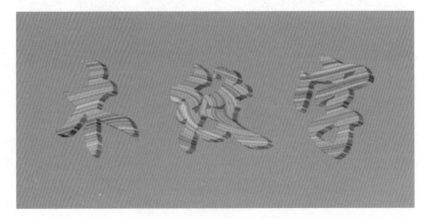

图 8-1-40　蒙版文字工具制作立体文字效果

任务2 变形文字

使用创建变形文字命令来制作海报文字,最终效果如图8-2-1所示。

图8-2-1 最终效果图

 任务实施

步骤1:打开"实例素材\PS8\2.jpg"文件,新建一个空白文档,为文档填充径向渐变背景色,如图8-2-2所示。

步骤2:选择"横排文字"工具,在适当的位置点击鼠标,输入文字"相信自己,超越自己",打开"字符面板"对文字进行设置(字体:隶书,大小:36点,颜色:R=255,G=255,B=255),并调整到合适位置,效果如图8-2-3所示。

图8-2-2 填充渐变背景色

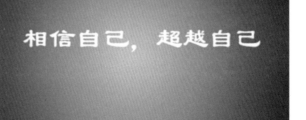

图8-2-3 输入文字

项目八 文本操作

177

步骤 3：点击文本属性栏上的"创建文字变形"按钮，在弹出的"变形文字"对话框中进行设置，参数如图 8-2-4 所示，单击"确定"按钮，效果如图 8-2-5 所示。

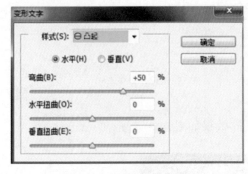

图 8-2-4　"变形文字"设置　　　　　　　　图 8-2-5　变形文字效果

步骤 4：选择"横排文字"工具，在适当的位置点击鼠标，输入文字"我自信　我成功"，并打开"字符面板"对文字进行设置（字体：隶书，大小：36 点，颜色：R = 255，G = 255，B = 255），调整到合适位置。效果如图 8-2-6 所示。

步骤 5：点击文本属性栏上的"创建文字变形"按钮，在弹出的"文字变形"对话框中进行设置，如图 8-2-7 所示，单击"确定"按钮，完成最终效果。

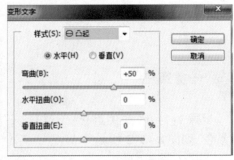

图 8-2-6　再次输入文字　　　　　　　　图 8-2-7　"变形文字"设置

 相关知识点

（一）制作分析

灵活掌握运用"变形文字"对话框对文字进行多种样式变形的技巧。

（二）相关知识

1. 制作变形文字

Photoshop 为用户提供了一个可以产生特殊形状文字的功能，这个功能可以让用户创

Photoshop CC
图像设计项目教程·理论篇

建具有弯曲和扭曲效果的文字和段落,如图 8-2-8 所示。

　　使用特型文字,首先应选择需要变形的文字或者段落所在的文字图层,然后单击文字工具属性栏中的特型文字按钮，会弹出如图 8-2-9 所示的变形文字对话框,用户可以在该对话框中选择需要的变形方案并进行变形效果的设置。在样式下拉菜单中包括十多种特型效果,用户可以自己试验每一个效果。

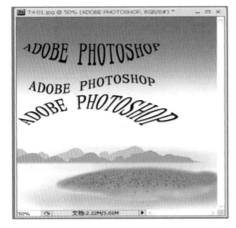

图 8-2-8　弯曲和扭曲文字效果

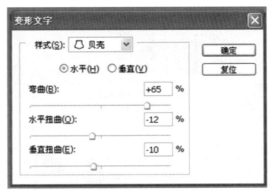

图 8-2-9　变形文字对话框

2. 取消文字变形效果

　　如果想要取消文字的变形效果,可以调出"变形文字"对话框,在"样式"选项下拉列表中选择"无"。

四　举一反三

　　实训1　利用变形文字对话框创建变形文字。
　　素材见图 8-2-10,效果如图 8-2-11 所示。

图 8-2-10　素材图　　　　　　　　　　　图 8-2-11　效果图

　　提示:打开素材包中的"birthday.jpg"文件,输入文字利用变形文字对话框中的"拱形"来进行设置,并对文字添加斜面和浮雕、投影等效果。

实训 2　利用变形文字对话框创建变形文字。

素材见图 8-2-12,效果如图 8-2-13 所示。

图 8-2-12　素材图　　　　　　　图 8-2-13　效果图

 **任务** 3　**路径文字**

 **任务目标**

　　使用钢笔工具或形状工具创建工作路径,并创建沿路径进行排列的路径文字效果,如图 8-3-1 所示。

图 8-3-1　最终效果图

Photoshop CC
图像设计项目教程·理论篇

步骤1：打开"实例素材\PS8\diqiu.JPG"文件，如图8-3-2所示。

步骤2：使用椭圆选区工具按住Shift围绕地球绘制正圆选区，并将选区转换为工作路径，效果如图8-3-3所示。

图8-3-2　素材图

图8-3-3　绘制正圆

步骤3：选择文字工具，在路径上输入文字，效果如图8-3-4所示。

步骤4：按下"Ctrl+T"组合键对文字图层进行自由变换，再按住"Ctrl+Alt"组合键，鼠标拖动左上角的定位点进行透视变换，如图8-3-5所示。

图8-3-4　输入文字

图8-3-5　自由变换文字

步骤5：按下"Ctrl+R"组合键打开标尺，从上侧和左侧标尺拖出辅助线（辅助线要紧靠地球的边缘），然后使用椭圆选区工具，按住Shift键自辅助线交叉点处绘制地球的圆形选区，如图8-3-6所示。

步骤6：为文字图层添加蒙版，然后按"Ctrl+I"组合键反相，如图8-3-7所示。

图 8-3-6　绘制椭圆选区　　　　　　　　　　图 8-3-7　添加蒙版

步骤 7：将前景色设为白色，选择画笔工具，在图层蒙版上涂抹出需要显示的文字，如图 8-3-8 所示。

步骤 8：为文字图层添加渐变样式，并删除辅助线，完成最终效果。

图 8-3-8　在图层蒙版上涂抹显示文字

（一）制作分析

灵活掌握将文字建立在路径上的方法，并应用路径对文字进行调整。

（二）相关知识

路径文字，该项功能可以使文字沿着事先创建好的路径方向排列。使用方法：先绘制好路径或区域，再用文字工具在路径上或区域中写上需要的文字，文字就会按预先的路径方向排列,完成以后你还可以继续调整路径或区域,文字会自动适应其变化。

1. 单向路径

单向路径指的是用创建路径的工具(以钢笔工具为例)创建的一条起点与终点不重合的路线。如图 8-3-9 所示,有 A 和 B 两个不重合的点。

绘制好单向路径,就可以选中文字工具(以横排文字工具为例),设置好文字的相关属性后,把鼠标放在路径的一端,单击出现闪动的插入点。随便输入一些字符会得到如图 8-3-10 的路径文字效果。

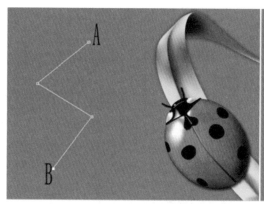 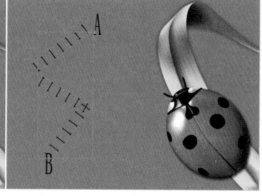

图 8-3-9　单向路径创建　　　　　图 8-3-10　创建路径后输入文字效果

如果想使图中的文字沿着比较平缓的路径走,那么可以使用路径编辑工具对路径调整,随着路径的变化,文字的环绕方向也会随着变换。图 8-3-11 是在图 8-3-10 的基础上调整后的结果。

2. 闭合路径

闭合路径就是起点与终点重合的路径,图 8-3-12 的路径(A、B)都属于闭合路径。但是对于闭合路径情况也不一样,大致可以分为两类讨论:

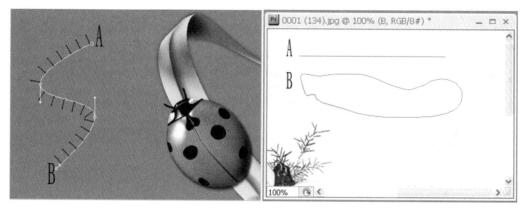

图 8-3-11　调整路径后效果　　　　　图 8-3-12　闭合路径

（1）重叠的闭合路径：图8-3-12中的路径A就是一条重叠闭合路径，它就像一个人沿着一条路走一个来回。用文字工具绕重叠路径走，文字也会绕路径走个来回才算结束，如图8-3-13所示。

（2）路径区域：首先是路径起点与终点重合，而且形成的路径不重合，围成一个区域如图8-3-12所示的B路径。

对于路径区域，那么文字环绕就会产生两种情况：沿路径环绕和区域环绕。路径文字环绕和区域文字环绕的效果分别如图8-3-14至8-3-15所示。

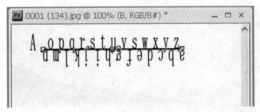

图8-3-13　重叠闭合路径

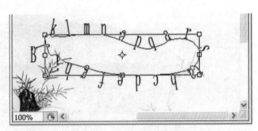

图8-3-14　沿路径环绕

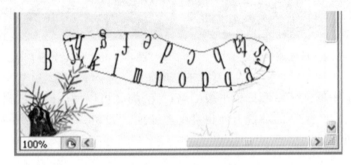

图8-3-15　区域环绕

文字路径是无法在路径面板中删除的，除非在图层面板中删除这个文字层。

四　举一反三

实训1　利用路径文字制作心形文字，最终效果如图8-3-16所示。

图 8-3-16　心形文字效果图

五　课外拓展

拓展任务 1——水晶字

【拓展目标】　练习文字工具及其他命令的综合应用。

【知识要点】　使用文字工具、图层样式中的"投影""内阴影""内发光""斜面和浮雕""光泽"等效果,最终效果如图 8-3-17 所示。

图 8-3-17　水晶字效果图

拓展任务 2——散射字

【拓展目标】　学习使用文字工具和滤镜结合制作特殊效果。

【知识要点】　主要使用文字工具、极坐标滤镜和风滤镜制作一些特殊效果,最终效果如图 8-3-18 所示。

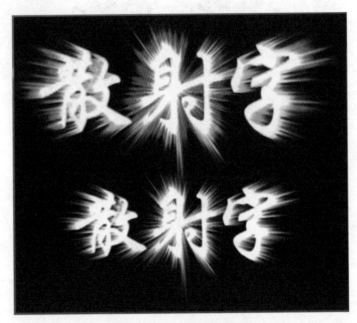

图 8-3-18　散射字效果图

年年岁岁花相似,岁岁年年人不同,岁月匆匆,青春易逝,猛然间发现皱纹、白发、雀斑已经悄然来临,曾经的自信慢慢消失,怕照镜子,怕照相,更怕给同学发照片……好怀念青春的模样:白皙干净的脸庞、水嫩的皮肤、一头乌发垂到腰间……如果你因为照片而烦恼,PS图像色彩和色调还你自信和青春颜值,带你走进多彩的世界……

项目导读

爱美之心人皆有之,数码时代的到来,手机拍照功能的强大,使得数码照片成为日常生活中的一部分,虽然手机带了美颜功能,但有时候还是觉得美中有不足,美得不过瘾,Photoshop CC提供了大量的图像调整命令,熟练掌握色阶、曲线、色相饱和度、色彩平衡、替换颜色等命令的使用,让你的照片无缺憾。

学习目标

1. 掌握颜色取样器的使用方法以及图像颜色信息的获取方法。
2. 掌握图像调整的一些命令,会快速调整照片效果。
3. 重点掌握色阶、曲线、色相/饱和度、色彩平衡等命令的使用方法与技巧。

 **任务1 调整偏色照片打造自信女神**

利用"色阶""曲线""色彩平衡"等命令,轻松调整偏色照片,素材见图91-1,效果如图9-1-2所示。

图9-1-1 素材图   图9-1-2 效果图

步骤 1:打开"项目九色彩色调\自信女神"素材。

步骤 2:按"Ctrl+J"组合键将背景复制,得到背景副本(图层 1),选中背景副本,执行"图像→调整→匹配颜色"命令,打开匹配颜色对话框并进行参数设置,如图 9-1-3 所示,设置完毕,单击"确定",效果如图 9-1-4 所示。

图 9-1-3 "匹配颜色"对话框

图 9-1-4 "匹配颜色"后效果

步骤 3:执行"图像→调整→曲线"命令,打开曲线对话框,分别进行以下设置,如图 9-1-5、9-1-6、9-1-7、9-1-8 所示,设置完毕单击确定,效果如图 9-1-9 所示。

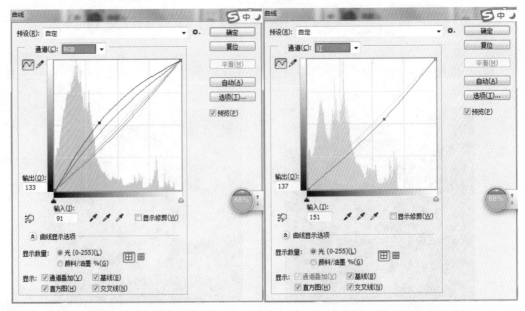

图 9-1-5 RGB 通道曲线设置   图 9-1-6 红通道曲线设置

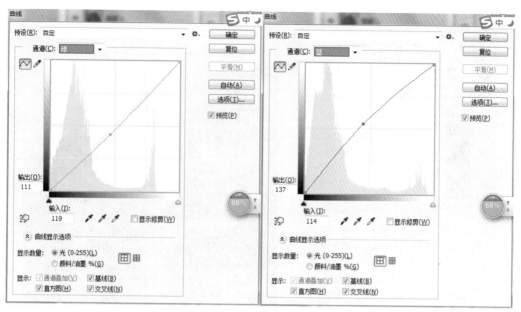

图9-1-7　绿通道曲线设置　　　　　　　图9-1-8　蓝通道曲线设置

图9-1-9　曲线调整后效果

步骤4:按"Ctrl+J"组合键将图层1复制,得到图层1副本,并设置图层1副本的混合模式为滤色如图9-1-10所示,效果如图9-1-11所示。

图9-1-10 滤色模式对话框　　　　　图9-1-11 "滤色"设置后效果

步骤5:执行"滤镜→Neat Image→降低噪点"命令,对图片进行降噪处理,效果如图9-1-12所示。

图9-1-12 降噪处理效果

提示:降低噪点滤镜是外挂滤镜,需要安装后才可以使用。

步骤6:单击图层调板下方的 ● .按钮,选择"色相/饱和度"命令,从而创建色相/饱和度调整图层,并设置参数如图9-1-13所示,单击确定,效果如图9-1-14所示。

图9-1-13 "色相/饱和度"设置

图9-1-14 "色相/饱和度"调整效果

提示:这里采用色相/饱和度调整图层的方法进行图像调整,与执行"图像→调整→色相/饱和度"命令的方法和效果是一样的,只不过用调整图层的方法进行调整不破坏原图像的效果,可以随时修改参数,也可以随时添加或者删除,在以后相关图片调整过程中,多采用调整图层的方法进行。

步骤7:单击图层调板下方的 ◑ 按钮,选择"色阶"命令,从而创建"色阶"调整图层,并设置参数如图9-1-15、9-1-16、9-1-17、9-1-18 所示,单击"确定"按钮,效果如图9-1-19 所示。

步骤8:将图层1副本合并到图层1上,然后再按"Ctrl+J"组合键得到图层1拷贝,并将图层1拷贝的混合模式设置为"叠加",如图9-1-20 所示。

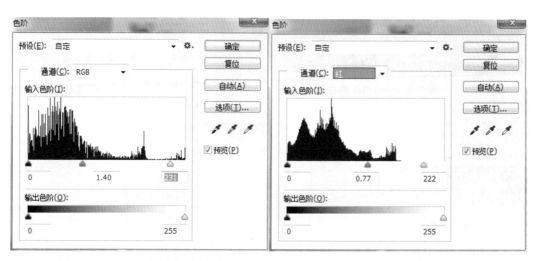

图9-1-15 RGB通道色阶设置   图9-1-16 红通道色阶设置

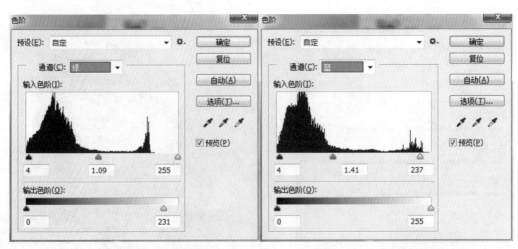

图9-1-17　绿通道色阶设置　　　　　　图9-1-18　蓝通道色阶设置

图9-1-19　色阶调整效果　　　　　　图9-1-20　"叠加"模式设置

步骤9：可以重复"色阶""曲线""色相/饱和度"命令进行微调即可完成最终效果。

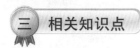 相关知识点

（一）制作分析

灵活掌握"色阶""曲线""色相/饱和度"等命令的使用方法和技巧，根据图片色彩信

息进行分析,采用合适的命令进行调整,作为初学者,可以尝试各种命令,并观看效果。不管用哪种命令,达到目的即可。

（二）相关知识

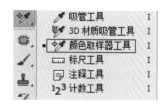

图 9-1-21　颜色取样器工具面板

1. 颜色取样器的使用

打开一幅图片,然后选择工具箱中颜色取样器,如图 9-1-21 所示,用颜色取样器在图片的不同处单击取样(最多可连续取样 4 次),如图 9-1-22 所示,此时会自动打开信息面板,如图 9-1-23 所示。

图 9-1-22　取样效果

图 9-1-23　信息面板

在信息调板中给出了所取的 4 处颜色信息,如果对图片进行调整而取样点不变如图 9-1-24 所示,则信息调板中的参数会随着图片色彩的改变而相应的改变,如图 9-1-25 所示。

图 9-1-24　取样点不变

图 9-1-25　信息调板

通过信息调板的信息,可以知道每一个取样点颜色的精确的 R、G、B 的值。

2.快速调整图片命令

在"图像"菜单里有一组比较方便快捷的调整图像的命令,分别是"自动色调"命令、"自动对比度"命令和"自动颜色命令",这三种命令的使用都方便快捷,不需要手工设置参数,系统会根据图像信息自动调整。如图 9-1-26 和 9-1-27 是使用"自动色调"调整前后的效果。

图 9-1-26　"自动色调"调整前　　　　　　图 9-1-27　"自动色调"调整后

3.色阶命令

使用色阶命令可以调整图像的明暗程度。当一幅图像缺少明显的对比时,使用调整色阶命令可以增加整个图像的色阶变化的范围,可以使图像产生比较明显的对比效果。

打开一幅图片,执行"图像→调整→色阶"命令(Ctrl+L),打开色阶对话框,如图 9-1-28 所示。

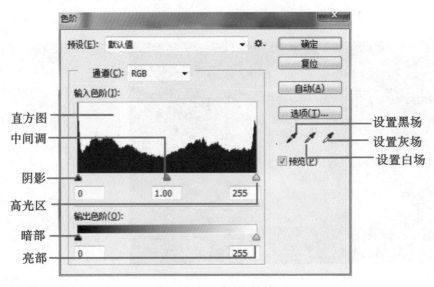

图 9-1-28　色阶对话框

● 预设：下拉列表中包含了 Photoshop 提供的预设调整文件，如图 9-1-29 所示。单击"预设"选项右侧的 ⚙. 按钮，在打开的下拉列表中选择"存储"命令，可以将当前的调整参数保存为一个预设文件，在使用同样的方式调整其他图片时，可以选择"载入"命令，载入该文件并自动完成调整。

图 9-1-29   "预设"面板

● 通道：在该下拉菜单中可以选择需要进行色阶调整的颜色通道（RGB 通道、红通道、蓝通道、绿通道）。

● 输入色阶：用来调整图像的阴影、中间调和高光区域，可以拖动三个滑块进行调整，也可以在文本框中输入数字进行调整图像的色调和对比度。

● 输出色阶：用来限定图像的亮度范围，拖动滑块或者输入数值，可以调整图像的对比度。

● 设置黑场：选择设置黑场吸管，在图像中单击，则会将图像中最暗处的色调值设定为单击处的色调值，所有比该处暗的像素都将变为黑色。打开一幅图片，如图 9-1-30 所示，打开色阶对话框，选择黑场吸管在图像的花叶处单击，效果如图 9-1-31 所示。

● 设置灰场：选择设置灰场吸管，在图像中单击，则单击处的颜色的亮度将成为图像的中间色调范围的平均亮度。

图 9-1-30   原图

● 设置白场：选择设置白场吸管，在图像中单击，则会将图像中最亮处的色调值设定为单击处的色调值，所有比它更亮的像素都将变成白色，如图 9-1-32 所示。

图 9-1-31   设置黑场效果

图 9-1-32   设置白场效果

4. 曲线命令

（1）曲线对话框功能介绍   与色阶命令类似，曲线命令也是用于调整图像的色彩与色调的工具,它比"色阶"命令更加强大,色阶命令只有三个调整功能,黑场、灰场和白场,曲线命令将图像的色调范围分成了 4 部分,并且可以微调到 0～255 色调值之间的任何一种亮度级别。执行"图像→调整→曲线"命令,可以打开曲线对话框,每一项的功能如图9-1-33 所示。

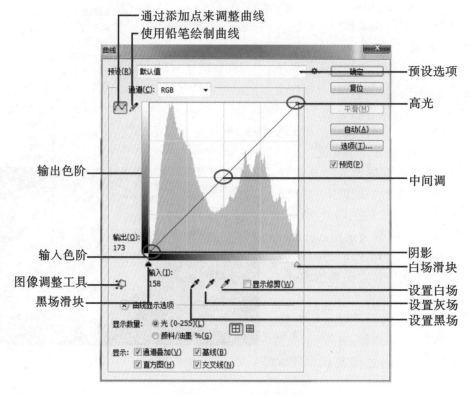

图 9-1-33   曲线对话框

在上图中很多名称与功能与色阶对话框里的项目相似,在此不再重复。下面介绍一下曲线区域和图像调整工具。

● 曲线区:曲线区域中水平色调带表示原始图像中像素的亮度分布(输入色阶),从左至右依次是暗调(黑)、1/4 色调、中间色调到 3/4 色调和高光(白)。垂直色调带表示调整后图像中像素的亮度分布(输出色阶)。调整前的曲线是一条 45°的直线,说明所有像素的输入与输出亮度相同。用鼠标单击曲线上任意处,可以使曲线上出现一个控制点,用鼠标拖动该控制点,可以改变曲线的形状,从而改变图像的显示效果。所以用曲线调整图像色阶的过程,也就是通过调整曲线的形状来改变像素的输入输出亮度,从而改变整个图像的色阶。

提示:当单击曲线上任意处时,曲线上在出现控制点的同时,也激活了输入、输出右侧的文本框。在输入文本框中显示了输入色阶当前的参数,它的范围是 4～251;输出文本框中显示了输出色阶当前的参数,它的范围是 0～255。

● 图像调整工具:按下该按钮后,可以在画面中单击并拖动鼠标调整曲线。

（2）用曲线调整的几点技巧总结

①要使图片变亮,曲线上调,要使图片变暗,曲线下凹,如图 9-1-34、9-1-35、9-1-36 所示。

图 9-1-34　原图　　　　图 9-1-35　曲线上调效果　　　　图 9-1-36　曲线下凹效果

②要增强图片的对比度,曲线大致呈现"S"形,曲线越弯,对比度越大,如图 9-1-37、9-1-38 所示。

图 9-1-37　原图　　　　　　　　图 9-1-38　对比度效果

5.色彩平衡

色彩平衡命令可以更改图像的总体颜色混合。打开一个文件,如图 9-1-39 所示,执行"图像→调整→颜色平衡"命令,打开色彩平衡对话框,如图 9-1-40 所示。

● 色彩平衡:该项组中有 3 个颜色变化轴,即青色到红色变化轴、洋红色到绿色变化轴和黄色到蓝色变化轴,将滑块移向哪种颜色,图像就会产生倾向哪种颜色的变化。

● 色调平衡:选择需要调节色彩平衡的色调区,可选项有暗调区、中间色调区和高光区。

图 9-1-39　原图素材

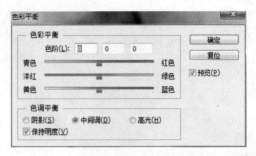

图 9-1-40　"色彩平衡"对话框

●保持亮度:在改变色彩成分的过程中,保持图像的亮度值不变。此选项仅仅对 RGB 图像可用,取消该复选框,则图像的亮度不会变化。

设置阴影、中间调、高光的色阶分别为图 9-1-41、9-1-42、9-1-43 所示,得到的调整效果如图 9-1-44 所示。

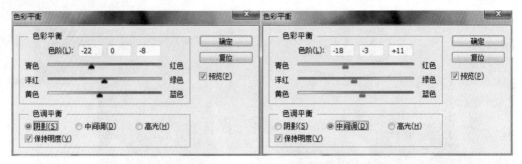

图 9-1-41　色彩平衡之阴影设置　　　　　图 9-1-42　色彩平衡之中间调设置

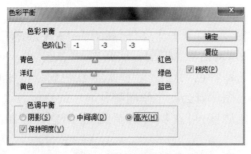

图 9-1-43　色彩平衡之高光设置

图 9-1-44　调整效果图

实训 1 利用色阶命令调整偏色照片。

素材见图 9-1-45, 效果如图 9-1-46 所示。

图 9-1-45　素材图　　　　　　　　　　图 9-1-46　效果图

提示:首先用色阶命令对 RGB 通道进行调整,是整体亮度增加,然后分通道调整,尤其是蓝色通道调整效果非常明显。如果对单纯的色阶调整达不到理想效果,可以配合色彩平衡调整直到满意为止。

实训 2 采用曲线命令制作特色照片。

素材见图 9-1-47, 效果如图 9-1-48、9-1-49、9-1-50 所示。

图 9-1-47　素材图　　　　　　　　　　图 9-1-48　效果一

图9-1-49　效果二　　　　　　　　　　　　　　图9-1-50　效果三

提示：以上效果分别是曲线上调变亮效果、曲线下调变暗效果、调整蓝色通道效果。在调整过程中可以针对帽子、脸部进行分块调整。

实训3　利用色阶、曲线、色彩平衡等命令调整偏色照片。

素材见图9-1-51，效果如图9-1-52所示。

图9-1-51　素材图　　　　　　　　　　　　　　图9-1-52　效果图

提示：本案例首先采用自动色阶命令调整，然后采用曲线调整命令分别对RGB通道、红、绿、蓝通道进行调整。

任务2 修正强光下的照片

一 任务目标

利用"自动色阶""亮度/对比度""色阶"等命令,调整强光下的照片,素材见图9-2-1,效果如图9-2-2所示。

图9-2-1 素材图

图9-2-2 效果图

图9-2-3 自动色阶效果

图9-2-4 "亮度/对比度"对话框

二 任务实施

步骤1:打开"项目九色彩色调调整\强光照片调整"文件。

步骤2:执行"图像→调整→自动色阶"命令,或者按"Ctrl+L"组合键首先快速调整一下照片,效果如图9-2-3所示。

步骤3:执行"图像→调整→亮度/对比度"命令,打开"亮度/对比度"对话框,设置参数如图9-2-4所示,单击确定,效果如图9-2-5所示。

图 9-2-5 调整亮度效果

步骤4：单击图层调板下方的 ，创建色阶调整图层，设置参数如图9-2-6所示，即可得到最终效果。

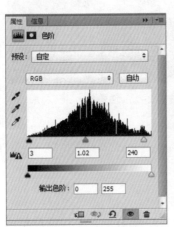 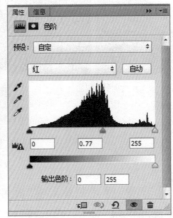 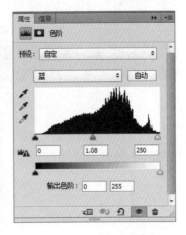

图 9-2-6 色阶调整图层设置

三 相关知识点

（一）制作分析

对于一个明显偏亮或者偏暗的图片首先按"Ctrl+L"组合键，进行快速调整，然后根据本图片的信息，调整亮度对比度，最后用色阶进行修饰。

(二) 相关知识

1. 亮度/对比度

通过"亮度/对比度"命令可以对图像的色调范围进行简单的调整,打开一幅图片,如图 9-2-7 所示,执行"亮度/对比度"命令,设置参数如图 9-2-8 所示,确定之后效果如图 9-2-9 所示。

图 9-2-7　原图图　　　　　　　　图 9-2-8　"亮度/对比度"命令设置

图 9-2-9　效果图

2. 曝光度命令

曝光度命令目的是为了调整 HDR 图像的色调,但它也可用于 8 位和 16 位图像。曝光度是通过在线性颜色空间(灰度系数 1.0)而不是图像的当前颜色空间执行计算而得出的。

打开一幅图像,如图 9-2-10 所示,执行"图像→调整→曝光度"命令,打开曝光度对话框,设置参数如图 9-2-11 所示,单击确定,效果如图 9-2-12 所示。

图 9-2-10　素材图

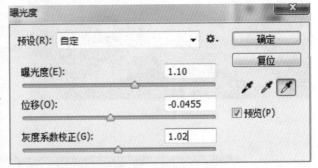

图 9-2-11　曝光后对话框

图 9-2-12　效果图

实训 1 利用"替换颜色"命令,打造绿色草原。

提示,打开素材,见图 9-2-13。执行"图像→调整→替换颜色"命令,在图片上吸取黄草颜色,设置目标色为绿色,对于其他参数适当调整,如图 9-2-14 所示,单击"确定"按钮即可,效果如图 9-2-15 所示。

图 9-2-13　素材图

图 9-2-14　"替换颜色"设置

图 9-2-15　效果图

实训 2 用"变化"命令,把墨竹调色为绿竹。

素材见 9-2-16,效果如图 9-2-17 所示。

图 9-2-16　素材图　　　　　　　图 9-2-17　效果图

提示:打开"项目九 色彩色调\变化"中的素材,执行"图像→调整→变化"命令,打开变化对话框,用鼠标单击"加深绿色""加深黄色"……缩略图,每单击一次,颜色就加深一次直到满意为止,如图 9-2-18、图 9-2-19 所示。

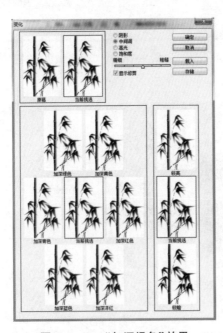
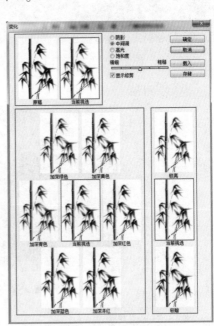

图 9-2-18　"加深绿色"效果　　　　　图 9-2-19　"加深黄色"效果

实训 3　用"渐变映射"命令,制作夕阳余晖。
素材见图 9-2-20,效果如图 9-2-21 所示。

Photoshop CC

图像设计项目教程·理论篇

图9-2-20　素材图　　　　　　　　　　图9-2-21　效果图

提示：打开"项目九 色彩色调\渐变映射"中的素材，执行"图像→调整→渐变映射"命令，打开渐变映射对话框，如图9-2-22所示，单击其中的渐变条进行如图9-2-23的设置，单击"确定"按钮即可。

图9-2-22　"渐变映射"对话框　　　　　　　图9-2-23　渐变编辑器

任务3 **为单色图片添加彩色唯美效果**

 一　任务目标

利用"抠图""色相/饱和度""模糊滤镜"等命令,将一幅单调枯燥的女孩照片,打造出色彩艳丽,唯美动人的效果。

素材见9-3-1,效果如图9-3-2所示。

图9-3-1　素材图　　　　　　　　　　图9-3-2　效果图

 二　任务实施

步骤1:打开"项目九 色彩色调\给单色照片上色"中的素材文件,见图9-3-1。

步骤2:按下"Ctrl+J"组合键将背景层复制,得到图层1,然后用快速选择工具将小女孩的帽子选中,如图9-3-3所示。

提示:为了保证后期调整边缘区域自然融合,可以将创建的选区进行羽化、平滑处理。

步骤3:执行"图像→调整→色相/饱和度"命令,打开"色相/饱和度"命令对话框,参数设置如图9-3-4所示,单击"确定"按钮,得到的效果如图9-3-5所示。

Photoshop CC
图像设计项目教程·理论篇

图 9-3-3　选中帽子区域　　　　　　　图 9-3-4　"色相/饱和度"设置

步骤 4：用快速选择工具选择脸部和皮肤，创建面部选区，如图 9-3-6 所示，执行"图像→调整→色相/饱和度"命令，打开"色相/饱和度"命令对话框，参数设置如图 9-3-7 所示，单击"确定"按钮，得到的效果如图 9-3-8 所示。

图 9-3-5　帽子调整后效果　　　　　　　图 9-3-6　选中面部

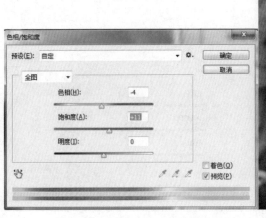

图 9-3-7　设置"色相/饱和度"　　　　　图 9-3-8　脸部设置后效果

步骤 5：重复步骤 4，进行嘴唇的处理，参数设置见图 9-3-9，效果如图 9-3-10 所示。

图 9-3-9　设置"色相/饱和度"　　　　　图 9-3-10　嘴唇设置后效果

步骤 6：继续重复步骤 4，处理腮红、眼影和头发，制作出的效果如图 9-3-11 所示，合并图层，然后再按"Ctrl+J"组合键，得到图层 1，如图 9-3-12 所示。

图 9-3-11　腮红、眼影和头发设置后效果　　　　图 9-3-12　合并图层

步骤 7：选择图层 1，执行"滤镜→模糊→高斯模糊"命令，打开高斯模糊对话框，设置参数如图 9-3-13 所示，单击"确定"按钮，得到的效果如图 9-3-14 所示。

图 9-3-13　高斯模糊设置　　　　　　　　　　图 9-3-14　高斯模糊效果

步骤 8：将图层 1 的混合模式调为"变暗"，效果如图 9-3-15 所示，因为上步用了模糊处理，小女孩的眼睛失去光亮，为了确保眼睛不失真，可以创建图层蒙版，用画笔工具在眼睛和头发的部分涂抹，如图 9-3-16 所示，涂抹完毕，制作结束。

图9-3-15　图层模式调为"变暗"　　　图9-3-16　创建图层蒙版

 **三　相关知识点**

（一）制作分析

采用"选区创建""色相/饱和度""图层混合"等操作方法均可将单色照片、黑白照片调整为色彩艳丽、唯美动人的照片，影楼照片处理很多都采用以上方法，大家要重点掌握处理技巧。

（二）相关知识

1.色相/饱和度命令

"色相/饱和度"命令能让用户单独调整图像中一种颜色成分的色相、饱和度和亮度。所谓色相，简单地说就是颜色，即红橙黄绿青蓝紫；所谓饱和度，简单地说就是一种颜色的鲜艳程度，颜色越浓饱和度越大；亮度是观察到的光的能量强度。

（1）打开一幅图片，见图9-3-17，执行"图像→调整→色相/饱和度"命令，打开色相/饱和度对话框，如图9-3-18所示。

对话框的底端显示有两个颜色条，它们代表颜色在色轮上的位置。上面的颜色条显示调整前的颜色，下面的颜色条显示调整如何以全饱和的状态影响所有的色相。

● 调整范围：在编辑选项下拉菜单中可以选择调整的颜色范围。"全图"选项可以一次调整所有色。如果要调整某一种颜色，从下拉式菜单中选择一个预设颜色范围，则颜色条之间就会出现调整滑块，可以用它编辑任何范围的色相。

确定好调整范围之后，就可以利用三角形滑块调整对话框中的色相、饱和度和明度

 212

数值,这时图像中的色彩就会随滑块的移动而变化。

- 色相变化轴:色相栏的数值反映颜色轮中从像素原来的颜色旋转的度数。正值表示顺时针旋转,负值表示逆时针旋转。数值范围在-180~+180之间。
- 饱和度变化轴:饱和度的数值越大饱和度越高,反之饱和度越低。数值范围是-100~+100。
- 明度变化轴:明度栏中的数值越大,图像越亮。数值的范围在-100~+100之间。

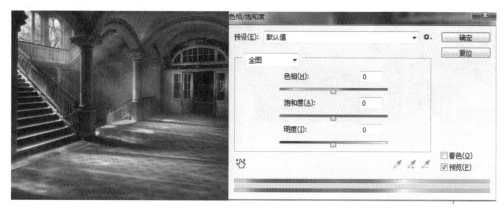

图9-3-17　原图素材　　　　　　　　图9-3-18　设置"色相/饱和度"

- 着色选项:着色选项可以将灰阶(或全彩)图像转换成单一色调的图像。在对话框中选择着色选项,图像将被转换为当前前景色的色相,但不会改变图像中像素的明度值。这时,拖动三角滑块同样可以改变图像的色相、饱和度和明度。通过这种方法,我们可以把颜色添加到RGB图像或已转换为RGB的灰色图像中(为灰色图像着色),也可以做出双色调的图像效果。拖动三个滑块如图9-3-19所示,图片效果会随之改变,如图9-3-20所示。

图9-3-19　设置"色相/饱和度"参数　　　　　图9-3-20　调整后效果

2. 自然饱和度

如果要调整图像的饱和度,而又要在颜色接近最大饱和度时最大限度地减少修剪,这时可以使用自然饱和度。打开一个文件,如图 9-3-21 所示,执行"图像→调整→自然饱和度"命令,打开自然饱和度对话框,如图 9-3-22 所示。

图 9-3-21　素材图　　　　　　　　　　　　图 9-3-22　调整后效果

3. 通道混合器

　　通道混合器是将当前颜色通道中的像素与其他颜色通道中的像素按一定程度混合,利用它可以进行创造性的颜色调整、创建高品质的灰度图像、创建高品质的深棕色调或其他色调的图像、将图像转换到一些色彩空间,或从色彩空间中转换图像、交换或复制通道。

　　打开一幅图片如图 9-3-23 所示,执行"图像→调整→通道混合器"命令,打开通道混合器对话框,进行一系列设置,得到如图 9-3-24 所示的效果。

图 9-3-23　素材图　　　　　　　　　　　　图 9-3-24　效果图

　　提示:参数设置见图 9-3-25、图 9-3-26、图 9-3-27、图 9-3-28 所示。

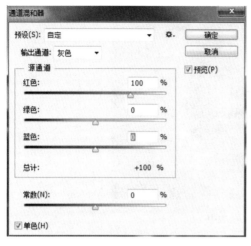

图 9-3-25　灰色通道设置

图 9-3-26　红色通道设置

图 9-3-27　绿色通道设置

图 9-3-28　蓝色通道设置

4. 照片滤镜命令

可以根据需要,给照片添加冷暖色调效果。打开一幅素材见图 9-3-29,执行"图像→调整→照片滤镜"命令,打开对话框,进行设置,如图 9-3-30 所示,效果见图 9-3-31 所示。

图 9-3-29　素材图

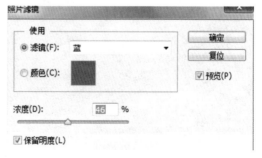

图 9-3-30　"照片滤镜"设置

图 9-3-31　效果图

实训 1　利用可选颜色命令调整图像。

素材见图 9-3-32,效果如图 9-3-33 所示。

图 9-3-32　素材图　　　　　　　　　　图 9-3-33　效果图

实训 2　利用匹配颜色命令调整图像。

素材见图 9-3-34、9-3-35,效果如图 9-3-37 所示。

图 9-3-34　素材图　　　　　　　　　　图 9-3-35　效果图

提示:针对图 9-3-34 执行匹配颜色命令,用图 9-3-35 图像进行匹配,并进行相关设置,如图 9-3-36 所示,匹配后的效果如图 9-3-37 所示。

图 9-3-36 匹配颜色对话框

图 9-3-37 匹配后效果

拓展任务 1——修正灰暗的照片

【拓展目标】 巩固学习"色阶""曲线""色相/饱和度"命令调整图像。

【知识要点】 使用选区把人物和背景分开处理,主要运用了自动色阶、色阶分通道调整,图层的混合模式的调整等。素材见图 9-3-38,效果如图 9-3-39 所示。

图 9-3-38 素材图　　　　　　　　图 9-3-39 效果图

拓展任务2——修正偏色的照片

【拓展目标】　学习巩固图像调整菜单中的"曲线""色相/饱和度""色阶"命令。

【知识要点】　首先用"色相/饱和度"命令进行黄通道的调整,把黄色降低,然后对图片进行色阶调整,分通道调整。素材见图9-3-40,效果如图9-3-41所示。

图9-3-40　素材图　　　　　　　　　　　　　图9-3-41　效果图

项目十
蒙版与通道

在 Photoshop 学习路上,吹过了风,经历了雨,学过了选区、路径、图层,也学会了图像色彩调整,你是否感觉自己已经是 PS 高手了呢?如果到此你就停止前进的脚步那就太遗憾了。蒙版和通道是 Photoshop 的精华,不学会绝对称不上高手。两幅图片的完美融合,火焰、白云、婚纱的抠图,如果借助蒙版和通道那就会快速、高效、逼真,你的眼前会为之一亮,让我们一起进入 Photoshop 的蒙版与通道的世界……

项目导读

学习完图像的色彩和色调后,大家会在图像调整方面掌握一定的技巧,加上之前学习的选区、路径、橡皮工具相信大家也都掌握了几种比较常用的抠图方式,但是只掌握这些技巧还不够。通过蒙版和通道的学习,会让你图像的处理技术锦上添花,更会让抠图技术提高一个新的台阶。本项目的主要任务是图像合成时的完美融合技术、抠火焰、婚纱技术。

学习目标

1. 掌握蒙版的分类与操作。常用的蒙版有四种:快速蒙版、图层蒙版、矢量蒙版和剪切蒙版。每种蒙版的功能都非常强大,需要灵活掌握。

2. 掌握通道的概念及通道抠图技术,比如在婚纱、火焰抠图时的应用。

 **任务1 春天里的一枝独秀**

 **一 任务目标**

利用"快速蒙版""图像调整"等操作,实现凸显图片中的一枝花的效果,素材见图 10-1-1 效果如图 10-1-2 所示。

图 10-1-1　素材图　　　　　　　　　　　　　图 10-1-2　效果图

二　任务实施

步骤1:打开"项目十 通道与蒙版\春天里的独秀"中的素材文件。

步骤2:用鼠标双击工具箱下方的"以快速蒙版模式编辑"按钮,打开快速蒙版编辑对话框,设置相关的参数和颜色信息,如图10-1-3所示,单击"确定"按钮。

步骤3:选择工具箱中的画笔工具 ，在素材图中的一朵花上涂抹,效果如图10-1-4所示。

步骤4:鼠标单击工具箱下方的"以快速蒙版模式编辑"按钮 ，退出快速蒙版编辑状态,得到如图10-1-5所示的选区。

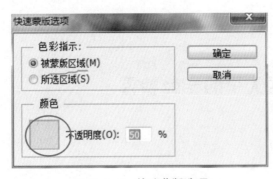

图 10-1-3　快速蒙版选项　　　　　　　　图 10-1-4　用画笔涂抹花朵

步骤5:执行"图像→调整→色相/饱和度(Ctrl+U)"命令,打开色相/饱和度对话框,设置饱和度参数如图10-1-6所示,设置完毕单击"确定"按钮,按"Ctrl+D"组合键取消选区,得到最终效果。

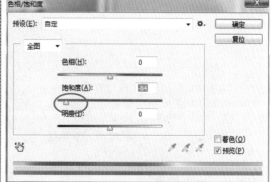

图 10-1-5　退出快速蒙版得到选区　　　　图 10-1-6　设置"色相/饱和度"

相关知识点

(一)制作分析

快速蒙版实际上是创建选区的操作,利用快速蒙版可以创建出具有羽化效果的选区,羽化的大小可以通过快速蒙版编辑对话框种的不透明度来设置。

(二)相关知识

1.蒙版的作用

蒙版在 Photoshop 里的应用相当广泛,作用就是可以反复修改,却不会影响到图层本身的任何构造。如果对蒙版调整的图像不满意,可以删除蒙版,原图像又会重现,非常方便。

2.蒙版的分类

蒙版可以分为四种:快速蒙版、图层蒙版、矢量蒙版、剪切蒙版。

四　举一反三

实训　用快速蒙版为图像部分区域添加绿色。

素材见图 10-1-7,效果如图 10-1-8 所示。

提示:按 Q 键,进入快速蒙版编辑状态,然后用画笔将树木全部涂抹,再次按 Q 键退出快速蒙版编辑状态,然后将选区内的图像进行去色处理,按"Ctrl+Shift+I"组合键,将选区反向选取,对树木本身进行曲线调整,尤其是对蓝色通道调整,把背景的蓝色调整为绿色。

图 10-1-7　素材图　　　　　　　　　　图 10-1-8　效果图

　金鱼和鼠标的故事

　任务目标

　　利用"图层蒙版""抠图""图像移动"等操作，将三个素材完美融合在一起，素材见图
10-2-1 至 10-2-3，效果如图 10-2-4 所示。

图 10-2-1　素材 1

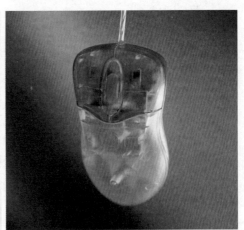

图 10-2-2　素材 2

图 10-2-3　素材 3

图 10-2-4　效果图

二　任务实施

步骤 1：打开"项目十 通道与蒙版\金鱼与鼠标"素材文件。

步骤 2：首先将素材一和素材二拖到素材三里，如图 10-2-5 所示。

步骤 3：选择鼠标层，首先选择合适的方法把背景抠除，然后单击图层面板下方的  按钮，为鼠标图层创建图层蒙版，如图 10-2-5 所示。

图 10-2-5　三幅图融合效果

图 10-2-6　创建图层蒙版

步骤 4：将前景色设置为黑色，选择画笔工具 ✎（柔边圆形画笔），用画笔在鼠标上涂抹，慢慢透出下边的金鱼，涂到效果满意为止，图层蒙版区效果如图 10-2-7 所示，涂抹后的图片效果如图 10-2-8 所示。

图 10-2-7　鼠标图层蒙版区效果　　　　图 10-2-8　涂抹后效果

步骤 5：选择金鱼层，然后单击图层面板下方的 ▣ 按钮，为金鱼图层创建图层蒙版，重复步骤 4，涂抹的地方是金鱼鼠标之外的多余部分，蒙版效果如图 10-2-9 所示。

图 10-2-9　金鱼图层蒙版效果

注意：如果感觉效果不满意可以调整一下金鱼和鼠标的位置，直到满意为止。

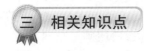 相关知识点

（一）制作分析

本案例运用的核心技术就是图层蒙版。蒙版不仅具有保护图层不破坏的擦除效果，而且与下层图像的融合效果比较好，图层蒙版的使用范围非常广泛，应熟练掌握。

(二)相关知识

1．图层蒙版

（1）图层蒙版的概念　蒙版图层具有遮挡图层中图像的作用，它只对当前图层起作用，不会影响其他图层。图层蒙版是作图最常用的工具，平常所说的蒙版一般也是指的图层蒙版。

（2）图层蒙版的作用　图层蒙版作用概括起来主要有两种：一是保护原图，二是图像的融合。

（3）图层蒙版的操作方法　第一种是利用黑色的软化笔做透明效果，白色画笔还原，例如上例，金鱼与鼠标的故事；第二种是利用黑到白的渐变做透明效果，黑到透明渐变可以执行多次，例如看海的姑娘，素材见图10-2-10、图10-2-11，蒙版设置见图10-2-12，效果如图10-2-13所示；第三种是利用选区通过填充黑白的方法实现（蒙版抠图），这里不再举例。

图10-2-10　素材1　　　　　　　　　　图10-2-11　素材2

图10-2-12　图层蒙版设置　　　　　　　图10-2-13　效果图

提示：停用启用蒙版快捷键方法：按"Shift+单击蒙版缩略图"组合键；选中蒙版区域得到蒙版选区的方法是按"Ctrl+单击蒙版缩略图"组合键。

2. 剪切蒙版

（1）剪切蒙版的概念　剪切蒙版是一个可以用其形状遮盖其他图像的对象，因此使用剪切蒙版，只能看到蒙版形状内的区域，从效果上来说，就是将图像裁剪为蒙版的形状。创建剪切蒙版时要有两个图层，对上面的图层创建剪切蒙版后，上面的图层只显示下面的图层的形状。

（2）剪切蒙版的作用　剪切蒙版的作用有两点：一是保护图层，二是裁切图像。

（3）剪切蒙版的操作方法　一是做图形；二是调整图层顺序，确保所做的图形在下层；三是按住"Alt"键将鼠标放在两个图层中间单击。下面以一个手表的广告为例，素材见图 10-2-14 至 10-2-17 所示的四张素材，效果如图 10-2-18 所示。

图 10-2-14　素材 1

图 10-2-15　素材 2

图 10-2-16　素材 3

图 10-2-17　素材 4

图 10-2-18　效果图

步骤 1：打开"项目十通道与蒙版\手表广告"中的素材。

步骤 2：将手表素材进行抠图，并且调整其大小和位置，如图 10-2-19 所示。

步骤 3：将前 3 张素材拖到最后一张素材中，将素材的图层顺序进行调整从上而下分别是手表、美女、手、背景，如图 10-2-20 所示。

图 10-2-19　手素素材抠图

图 10-2-20　素材图层顺序调整

提示:在拖动前三张素材到背景素材中的时候,当松开鼠标的时候按住"Shit"键,可以将素材与背景中心对齐排列。

步骤4:把鼠标放在"美女"层与"手"层中间,当鼠标变成 ↓▨ 标志时,单击鼠标,如图 10-2-21 所示,效果如图 10-2-22 所示。

图 10-2-21　图层面板设置

图 10-2-22　设置后效果

步骤5:把表的大小与位置再次调整,如果觉得手表的颜色有点暗,可以用"色相/饱和度"命令调整一下,最后得到金黄色的效果。

3. 矢量蒙版

(1)矢量蒙版的概念　矢量蒙版就是配合矢量工具使用的蒙版,作用与剪切蒙版相似,只是操作有些区别。这里的矢量工具,主要是指路径,用路径控制图层的显示范围。

(2)矢量蒙版的操作与剪切蒙版相似,如下面实例:素材见图 10-2-23;效果如图10-2-24 所示。

图 10-2-23　素材图

图 10-2-24　效果图

步骤1：新建一个图像文件，然后打开一幅素材图片。
步骤2：将素材图片拖动到新建的文件中去，如图10-2-25所示。

图10-2-25　素材拖到新建文件

步骤3：选择自定义形状工具 🐾，在属性栏中选择"路径"按钮 🔳，在形状面板中选择"红心形"图形，并在图层1上绘制一个心形路径，如图10-2-26所示。

图10-2-26　绘制心形路径

步骤4：选择图层1，执行"图层→矢量蒙版→当前路径"命令，得到最终效果。

实训 1　用蒙版制作变色的葵花。

素材见图 10-2-27、图 10-2-28,效果如图 10-2-29,10-2-30 所示。

图 10-2-27　素材 1

图 10-2-28　素材 2

图 10-2-29　效果一

图 10-2-30　效果二

提示:以上两种效果可以用图层蒙版和剪切蒙版进行操作。

实训 2　用蒙版制作"蝴蝶姑娘"。

素材见图 10-2-31、图 10-2-32,图层蒙版涂抹设置如图 10-2-33,效果如图 10-2-34 所示。

图 10-2-31　素材 1

图 10-2-32　素材 2

图 10-2-33　图层蒙版涂抹设置

图 10-2-34　效果图

提示:本案例只用图层蒙版涂抹即可。

实训 3　用蒙版制作童年海报。

素材见图 10-2-35、图 10-2-36、图 10-2-37,效果如图 10-2-38 所示。

图 10-2-35　素材 1

图 10-2-36　素材 2

图 10-2-37　素材 3　　　　　图 10-2-38　效果图

提示:针对图片中的"G"字效果可以采用文字做图形进行剪切蒙版,对于照片的处理可使用矢量蒙版制作。

任务 3　烈焰飞车

一　任务目标

　　利用"通道抠图""图层混合""蒙版融合"等操作,打造烈焰飞车的效果,素材见图10-3-1、10-3-2、10-3-3、10-3-4,效果如图10-3-5所示。

图 10-3-1　素材 1

图 10-3-2　素材 2

图 10-3-3　素材 3　　　　　　　　　　　图 10-3-4　素材 4

图 10-3-5　效果图

二 任务实施

步骤1：打开"项目十通道与蒙版\烈焰飞车"中的素材文件。

步骤2：打开素材2并打开通道面板，针对红、绿、蓝三个通道进行复制（复制方法与图层复制方法一致），得到红、绿、蓝通道的拷贝，如图10-3-6所示。

步骤3：选中红拷贝通道，用鼠标单击下方的█按钮，或者按住"Ctrl"键单击红拷贝通道的缩览图，将红色拷贝通道载入选区，然后返回到图层面板，新建图层并命名为"红色"，设置前景色为红色（R=255、G=0、B=0），选中"红色"图层，然后按住"Alt+Delete"组合键，往选区里填充红色，如图10-3-7所示。

图10-3-6　通道设置　　　　　　　图10-3-7　红色图层填充红色

步骤4：选中绿色拷贝通道，用鼠标单击下方的█按钮，或者按住"Ctrl"键单击红色拷贝通道的缩览图，将绿色拷贝通道载入选区，然后返回到图层面板，新建图层并命名为"绿色"，设置前景色为绿色（R=0、G=255、B=0），选中"绿色"图层，然后按住"Alt+Delete"组合键往选区里填充红色，如图10-3-8所示。

步骤5：用同样的方法，得到蓝色拷贝通道选区，并新建"蓝色"图层，填充蓝色，效果如图10-3-9所示。

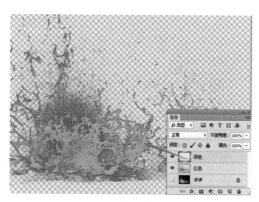

图 10-3-8 绿色图层填充红色   图 10-3-9 蓝色图层填充蓝色

提示:对于火焰来说,红色最多,绿色次之,蓝色信息最少。

步骤6:为了将三个图层的红、绿、蓝颜色合成真正的火焰本色,将蓝色层和绿色层的混合模式修改为"滤色",效果如图 10-3-10 所示。

步骤7:将红色、绿色、蓝色三个图层选中,按"Ctrl+E"组合键将三个图层合并在一起,然后拖动到素材1里,如图 10-3-11 所示。

图 10-3-10 滤色模式设置   图 10-3-11 合并图层效果

步骤8:重复步骤2～步骤7,将另外两张火焰的素材抠图,并将抠图后的火焰拖到素材1(汽车)里,并给三个火焰层命名为"火1""火2""火3"层,效果如图 10-3-12 所示。

步骤9:先将"火2"和"火3"隐藏,针对"火1"层设置其混合模式为"叠加",如图 10-3-13 所示,调整火的位置,效果如图 10-3-14 所示。

图 10-3-12　命名新图层

图 10-3-13　"叠加模式"设置

步骤 10：用步骤 9 的方法处理"火 2"，并为"火 2"层创建图层蒙版，将多余的部分涂掉，如图 10-3-15 所示，效果如图 10-3-16 所示。

图 10-3-14　调整后的位置效果　　　　　　图 10-3-15　"火 2"层创建蒙版

步骤 11：针对"火 3"层，调整其位置，并为其创建图层蒙版，将多余的部分涂掉，如图 10-3-17 所示，效果如图 10-3-18 所示。

图 10-3-16 "火2"层涂掉多余部分效果   图 10-3-17 "火3"层创建蒙版

步骤12：如果感觉效果不真实，隐藏其他图层信息，对背景图片进行色相/饱和度的调整，效果如图10-3-19所示。把全部图层显示，如果还不满意再进行微调，直到最终效果图。

图 10-3-18 "火3"层涂掉多余部分效果   图 10-3-19 "色相/饱和度"调整后效果

三 相关知识点

（一）制作分析

掌握通道抠图的技巧和原理，实现类似婚纱、火焰、毛发等高难度的抠图，这些使用其他抠图方式都不能实现完美的抠图效果。

(二)相关知识

1. 通道面板

"通道"面板用来创建、保存和管理通道。打开一个图像文件如图 10-3-20 所示，Photoshop 会在"通道"面板里自动创建该图像的颜色信息通道，如图 10-3-21 所示，单击通道面板右上角的▼按钮，会弹出"通道"面板菜单，如图 10-3-22 所示。

图 10-3-20　原图素材

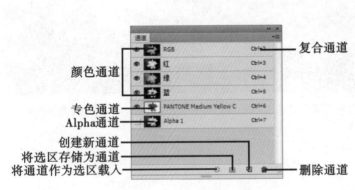

图 10-3-21　颜色信息通道

图 10-3-22　"通道"面板
菜单

2. 通道的类型

Photoshop 中包含 3 种通道，分别是颜色通道、Alpha 通道和专色通道，每种通道都有各自的用途。

(1)颜色通道　颜色通道是打开图像时自动创建的通道，它记录了图像的颜色信息。通道的数量跟图像的颜色模式相关。RGB 图像包含红、绿、蓝和 RGB 四个通道，如图 10-

3-23 所示;CMYK 图像包含青色、洋红、黄色、黑色和 CMYK 五个通道,如图 10-3-24 所示。

图 10-3-23　RGB 图像 4 个通道显示　　　图 10-3-24　CMYK 图像 5 个通道显示

（2）Alpha 通道　Alpha 通道与颜色通道不同,它是用来保存选区的,可以将选区存储为灰度图像,但是不会直接影响图像的颜色。在 Alpha 通道中,白色代表了被选择的区域,黑色代表未被选择的区域,灰色代表了被部分选择的区域,即羽化的区域。用白色涂抹 Alpha 通道会扩大选区的范围,用黑色涂抹则缩小选区范围,用灰色涂抹可以增加羽化的范围。

（3）专色通道　专色通道是一种特殊的通道,它用来存储专色。专色是用于替代或者补充印刷色（CMYK）的特殊的预混油墨、荧光油墨等。通常情况下专色通道都是以专色的名称来命名的,图 10-3-21 中的专色通道名称就是颜色的名称。

3. Alpha 通道与选区的相互转换

Alpha 通道与选区是可以通过通道面板实现相互转换的,具体操作:

（1）首先打开一幅图像,并用魔棒工具创建一个选区,如图 10-3-25 所示。

（2）打开通道面板,单击面板下方的将选区存储为通道按钮 ⬛ ,得到一个 Alpha1 通道,在通道里显示的是选区的信息,如图 10-3-26 所示。

图 10-3-25　创建选区　　　　　　　　图 10-3-26　Alpha1 通道

（3）按"Ctrl+D"组合键取消当前选区,然后用鼠标单击通道面板上的将通道作为选区载入按钮 ,或者按住 Ctrl 键单击 Alpha1 通道的缩览图,可以重新得到原来的选区。

4. 通道的分离与合并

（1）打开一幅 RGB 图像,并打开通道调板,如图 10-3-27 所示。

（2）单击通道调板右上角的 ,在弹出的调板菜单中选择"分离通道"命令,可以得到三个通道（R、G、B）的灰阶图,如图 10-3-28、10-3-29、10-3-30 所示。

图 10-3-27　RGB 图像通道显示　　　　　图 10-3-28　红色通道灰阶图

图 10-3-29　绿色通道灰阶图　　　　　　图 10-3-30　蓝色通道灰阶图

（3）对于这三个被分离出的图像执行调板菜单中的合并通道命令，打开合并通道对话框，如图 10-3-31 所示。在"模式"下拉菜单中选择"RGB 颜色"模式。单击"确定"按钮，弹出合并 RGB 通道对话框，如图 10-3-32 所示，单击"确定"按钮，即可将三个被分离的图像还原为 RGB 图像。

图 10-3-31　合并通道对话框

图 10-3-32　合并 RGB 通道对话框

实训 1　利用通道抠火焰的方法进行抠图，制作燃烧的汽车效果。
素材见图 10-3-33、10-3-34，效果如图 10-3-35 所示。

图 10-3-33　素材 1　　　　　　　　　　图 10-3-34　素材 2

图 10-3-35　效果图

提示:可参照任务 3 的方法。

实训 2 利用通道抠图法进行抠图,将蜻蜓抠出来与背景图片合成。

素材见图 10-3-36、10-3-37,效果如图 10-3-38 所示。

图 10-3-36 素材 1　　　　图 10-3-37 素材 2　　　　图 10-3-38 效果图

 **任务**4 **美丽新娘**

 一 **任务目标**

利用"通道抠图""色阶调整""亮度/对比度调整"等技术,将美女即婚纱抠出,并且换一个漂亮的背景,素材见图 10-4-1、10-4-2,效果如图 10-4-3 所示。

图 10-4-1 素材 1

图 10-4-2 素材 2

图 10-4-3　最终效果图

二　任务实施

步骤 1：打开"项目十通道与蒙版\美丽新娘"中的素材文件。

步骤 2：激活新娘的素材图片打开通道面板，仔细观察红绿蓝三个通道的图像信息，找到一个对比度比较大的通道进行复制，这里选择了红通道进行复制，如图 10-4-4 所示，其中的图像效果如图 10-4-5 所示。

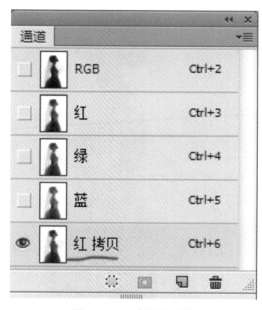

图 10-4-4　复制红通道

图 10-4-5　复制红通道后效果

步骤3:选中红色拷贝通道执行"图像→调整→色阶"命令,进行色阶的设置,如图10-4-6所示,单击确定得到通道的图像如图10-4-7所示。

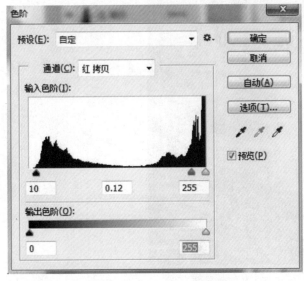

图10-4-6 "色阶"设置   图10-4-7 通道图像效果

步骤4:单击通道面板下方的将通道作为选区载入按钮 ，得到图像之外的选区,按住"Ctrl+Shit+I"组合键将选区进行反向选择,得到如图10-4-8所示的选区。

步骤5:单击RGB通道,然后回到图层面板按"Ctrl+C""Ctrl+V"组合键,再将背景层隐藏,得到的抠图效果如图10-4-9所示。

图10-4-8 反向选择选区   图10-4-9 抠图效果

步骤6:观察美女,皮肤和婚纱有点暗,可以通过色阶命令进行亮化处理,效果如图10-4-10所示。

步骤7:将调整好的美女拖到背景素材中,调整大小和位置即可。

图10-4-10　亮化处理效果

三　相关知识点

(一)制作分析

掌握观察通道灰度图像,找到对比度相对较大的通道进行复制,复制后如果图像的对比度达不到抠图的目的,可以借助色阶调整,让白的更白,黑的更黑,如果部分黑色属于选区之内的,可以用白色画笔涂白。

(二)相关知识

1. RGB 通道

显示器的成像原理是,计算机通过识别图像黑、白、灰的关系对应点亮相应颜色的灯,某区域越白(亮)说明开的对应颜色的灯越多。

2. CMYK 通道

印刷原理,印刷机通过识别菲林片的黑色、灰色对应喷墨,菲林某区域越黑,喷的油墨越多。

3.通道抠图法的注意事项

（1）使用通道抠图务必注意要复制相关通道，不要在原通道中直接操作，复制通道目的是确保不破坏原图。

（2）所有需要保留的区域变为白色，删除区域变为黑色，如果保留区域含有黑色，可以使用白色的画笔涂白。另外保留区域的图像不够白可以通过"反相（Ctrl+I）""色阶"等命令进行调整，让白的更白，黑的更黑。

（3）可以按住"Ctrl"键单击通道缩略图得到白色区域的选区。

（4）返回图层面板一定不要忘记单击 RGB 通道缩略图，这样保证返回图层时图像是彩色显示。

（5）可以按"Ctrl+J"组合键复制选区内容进行抠图。

四 举一反三

实训1　利用通道抠取美女和婚纱，然后换背景。

素材见图 10-4-11、10-4-12，效果如图 10-4-13 所示。

图 10-4-11　素材1　　　　　图 10-4-12　素材2　　　　　图 10-4-13　效果图

实训2　利用通道抠取美女和婚纱，然后换背景。

素材见图 10-4-14、10-4-15，效果如图 10-4-16 所示。

图 10-4-14　素材 1

图 10-4-15　素材 2

图 10-4-16　效果图

五　课外拓展

拓展任务 1——电影百年

【拓展目标】　学习使用蒙版工具进行图像合成。

【知识要点】　使用文本工具、蒙版操作、图像编辑等技术进行图像合成,素材见图 10-4-17、10-4-18,效果如图 10-4-19 所示。

图 10-4-17　素材 1

图 10-4-18　素材 2

图 10-4-19　效果图

拓展任务2——歌舞会海报

【拓展目标】 学习巩固蒙版操作及图像的合成。

【知识要点】 主要运用剪切蒙版、图层蒙版、渐变工具、直线工具等技术。素材见图10-4-20、10-4-21、10-4-22,效果如图10-4-23所示。

图10-4-20 素材1   图10-4-21 素材2

图10-4-22 素材3   图10-4-23 效果图

Photoshop CC
图像设计项目教程·理论篇

拓展任务 3——美丽的新娘

【拓展目标】 学习巩固选区抠图、通道抠图、蒙版融合等操作及图像的合成。

【知识要点】 先用通道抠图把主要人物抠出，然后用选区选取素材三的两朵百合花来修饰主人翁的头发，最后从素材四抠得头纱，为了确保抠出头纱的干净，可以将头纱层的混合模式设置为"滤色"，最后进行合成。素材见图 10-4-24、10-4-25、10-4-26、10-4-27，效果如图 10-4-28 所示。

图 10-4-24　素材 1　　　　图 10-4-25　素材 2　　　　图 10-4-26　素材 3

图 10-4-27　素材 4　　　　　　　　　图 10-4-28　效果图

滤镜主要用来实现图像的各种特殊效果。

滤镜的操作非常简单,但是真正用起来却很难恰到好处。滤镜通常需要同通道、图层等联合使用,才能取得最佳的艺术效果。

项目导读

滤镜分为内置滤镜和外挂滤镜两大类。内置滤镜是 Photoshop CC 中文版自身提供的各种滤镜,外挂滤镜则是由其他厂商开发的滤镜,它们需要安装在 Photoshop CC 中文版目录中才能使用。Photoshop CC 提供了大量的滤镜工具,熟练掌握滤镜操作可以使图像产生更加丰富的变化。

学习目标

1. 熟练掌握各种常见的内置滤镜的使用,创建具体的图像特效和编辑图像。此外,"液化""消失点"和"扭曲"滤镜组中的"镜头校正"也属于此类滤镜。这三种滤镜比较特殊,它们功能强大,并且有自己的工具和独特的操作方法。

2. 掌握在 Photoshop CC 软件中安装外挂滤镜的方法。

滤镜分为内置滤镜和外挂滤镜两大类。内置滤镜是 Photoshop CC 中文版自身提供的各种滤镜,是软件自带滤镜;外挂滤镜则是由其他厂商开发的滤镜,它们需要安装在 Photoshop CC 中文版目录中才能使用。在本项目中主要介绍内置滤镜的使用。

Photoshop CC 中文版的所有滤镜都在"滤镜"菜单中,如图所示。其中"滤镜库""液化"和"消失点"等是特殊滤镜,被单独列出,而其他滤镜都依据其主要功能被放置在不同类别的滤镜组中,如图 11-1 所示。

Photoshop CC 中文版的内置滤镜主要有两种用途。第一种主要用于创建具体的图像特效,如可以生成粉笔画、图章、纹理、波浪等各种效果。此类滤镜的数量最多,绝大多数都在"风格化""画笔描边""扭曲""素描""纹理""像素化""渲染""艺术效果"等滤镜组中,除"扭曲"以及其他少数滤镜外,基本上都是通过"滤镜库"来管理和应用的。

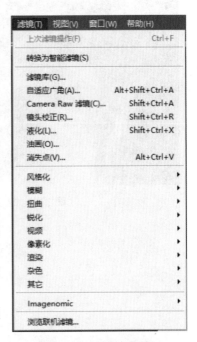

图 11-1 "滤镜"菜单

第二种主要用于编辑图像,如减少图像杂色和提高清晰度等,这些滤镜在"模糊""锐化""杂色"等滤镜组中。此外,"液化""消失点"和"扭曲"滤镜组中的"镜头校正"也属于此类滤镜。这三种滤镜比较特殊,它们功能强大,并且有自己的工具和独特的操作方法,更像是独立的软件。

　　提示:"像素化""杂色""模糊""锐化""风格化"等滤镜是 Photoshop 诞生起就存在的元老级滤镜。

 **任务1　特殊滤镜—液化**

　　液化滤镜可以使图像产生扭曲,选择"滤镜→液化"打开"液化"命令对话框,左侧为工具箱,中间是预览窗口,右侧是参数设置区。

　　利用"液化"命令,轻松为帅哥瘦脸,素材见图 11-1-1,效果如图 11-1-2 所示。

图 11-1-1　素材图

图 11-1-2　效果图

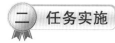

　　步骤 1:打开"实例素材\PS11\11-1-1.JPG"文件,为了方便以下的操作,按下"Ctrl+J"组合键,得到背景层的副本图层 1,如图 11-1-3 所示。

　　步骤 2:对图层 1,执行"滤镜→液化"命令,或按下"Shift+Ctrl+X"组合键,进入液化命令对话框,如图 11-1-4 所示。

图 11-1-3　复制背景层　　　　　　　　图 11-1-4　"液化"对话框

步骤3:使用缩放工具,把脸部放大至合适位置,再使用向前变形工具对鼓起来的左脸部分向内推移。此时,左脸鼓起来的部分消失,如图 11-1-5 所示。

步骤4:操作如步骤3,再把右侧脸上鼓起来的部分处理掉,注意左右脸部的对称,如图 11-1-6 所示。

图 11-1-5　左脸修饰　　　　　　　　图 11-1-6　右脸修饰

步骤5:执行确定,对文件进行保存,就可以得到最终的效果。

三　相关知识点

（一）制作分析

灵活掌握"特殊滤镜→液化"中的向前推进工具、左推工具和膨胀工具的运用。在制作过程中,可以使图像实现瘦脸、瘦腿等常见的美化效果和膨胀等特殊效果。

（二）相关知识

(1)复制背景层,不要直接在背景层上处理图像,要养成建立背景副本的好习惯。

(2)在液化的过程中,合理使用缩放工具实现图像的大小切换,以达到更好的效果。

(3)多使用向前推进工具、左推工具和膨胀工具这几个关键工具,可以做多次尝试,从中找到一个更合适的效果。

  提示:物极必反,适度使用液化,可以达到美化效果,但是也不要过度使用。

四 举一反三

  实训1 利用液化命令实现瘦腿效果。

  素材见图11-1-7,效果如图11-1-8所示。

   图11-1-7 素材图   图11-1-8 效果图

  实训2 利用液化命令实现方脸变尖脸效果。

  素材见图11-1-9所示,效果如图11-1-10所示。

   图11-1-9 素材图   图11-1-10 效果图

任务 2　　**特殊滤镜——消失点**

消失点滤镜是在包含透视平面的图像中进行透视校正编辑。使用消失点滤镜来修饰、添加或移去图像中的内容时,效果将更加逼真,因为系统可准确确定这些编辑操作的方向,并且将它们缩放到透视平面。

 一　任务目标

利用"消失点"命令,不留痕迹的消除地板上的杂物,素材见图 11-2-1,效果如图11-2-2 所示。

图 11-2-1　素材图

图 11-2-2　效果图

 二　任务实施

步骤 1:打开"实例素材\PS11\11-2-1.JPG"文件。为了方便以下的操作,按下"Ctrl+J"组合键,得到背景层的副本图层 1。

步骤 2:选择"滤镜→消失点"命令,打开"消失点"对话框,如图 11-2-3 所示。

图 11-2-3　"消失点"对话框

步骤 3：利用"创建平面工具"创建平面，如图 11-2-4 所示。

图 11-2-4　创建平面

步骤 4：利用左边工具箱里的图章工具对图像合适的位置进行采样（按下 Alt 键），再在杂物位置进行覆盖，如图 11-2-5 所示。

图 11-2-5　杂物覆盖

步骤5：同步骤4，把绳子消除掉，单击"确定"按钮，如图11-2-6所示。最后对文件进行保存即可。

图 11-2-6　消除绳子

三　相关知识点

（一）制作分析

灵活掌握"特殊滤镜→消失点"中的创建平面工具、编辑平面工具和图章工具的运用。在制作过程中，可以对有透视特点的图像起到更好的修饰作用。

（二）相关知识

（1）复制背景层，不要直接在背景层上处理图像，要养成建立背景副本的好习惯。

（2）在使用消失点的过程中，合理使用缩放工具实现图像的大小切换，以达到更好的效果。

（3）多使用创建平面工具、编辑平面工具和图章工具这几个关键工具，平面要符合图像的透视，采样时要找到关键位置（如地板的接缝）。

 四 举一反三

实训 利用消失点命令消除门旁边的鞋。

素材见图 11-2-7，效果如图 11-2-8 所示。

图 11-2-7　素材图

图 11-2-8　效果图

 任务3　风格化

"风格化滤镜组"子菜单中共包含 8 种滤镜效果，如图 11-3-1 所示。其中只有"照亮边缘"滤镜位于滤镜库中。风格化滤镜主要使图像产生如印象派等风格化效果。

 一 任务目标

使用风格化滤镜、自由变换、色彩的添加和旋转复制等工具制作七彩羽毛扇，如图 11-3-2 所示。

图 11-3-1　风格化滤镜组　　　　　　　　　　图 11-3-2　效果图

步骤 1：新建一个 1500 * 1000 像素的黑色背景文件，新建一空层，按住"Shift"键用画笔工具在上面画一条白色的直线，如图 11-3-3 所示。

步骤 2：按"Ctrl+T"组合键进行自由变换，旋转 45°，如图 11-3-4 所示。

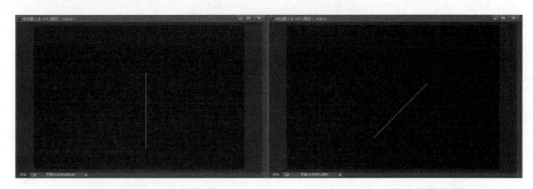

图 11-3-3　画一条白色直线　　　　　　　　　图 11-3-4　自由变换直线

步骤 3：对其执行"滤镜→风格化→风"命令，方法为风，方向是从左，点击确定。按"Ctrl+F"组合键再执行一次此命令。对话框如图 11-3-5 所示，效果如图 11-3-6 所示。

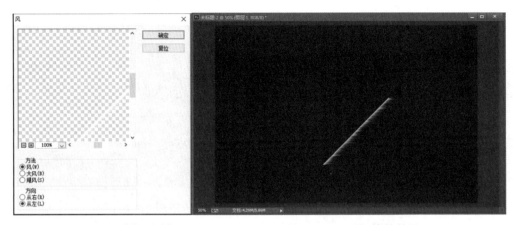

图 11-3-5 "风"滤镜对话框   图 11-3-6 "风"滤镜效果

步骤 4：按"Ctrl+T"组合键进行自由变换阶段，旋转-45°。把直线转到垂直方向上，如图 11-3-7 所示。

步骤 5：将其复制一份，按"Ctrl+T"组合键自由变换，右击进行水平翻转，放置合适的位置。按"Ctrl+E"组合键合并这两个图层，如图 11-3-8 所示。

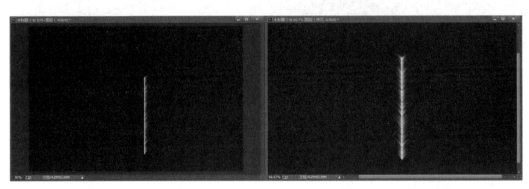

图 11-3-7 变换垂直   图 11-3-8 水平翻转

步骤 6：使用画笔工具在其下方画一条短直线，作为它的底端部分，如图 11-3-9 所示。

步骤 7：将其旋转后放置在左下部的位置，如图 11-3-10 所示。按"Ctrl+图层缩略图"组合键，载入当前对象的选区，按"Ctrl+T"组合键自由变换，先移动中心点到下部位置，再旋转一定的角度，如图 11-3-11 所示。回车确认变换结束。最后执行"Ctrl+Alt+Shift+T"组合键命令，即可得到扇子的整体效果如图 11-3-12 所示。

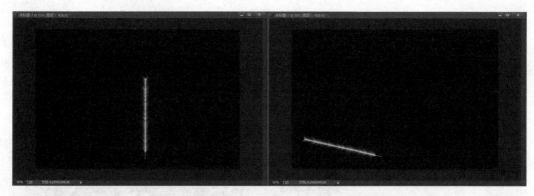

图 11-3-9　画一条短直线　　　　　　　图 11-3-10　旋转

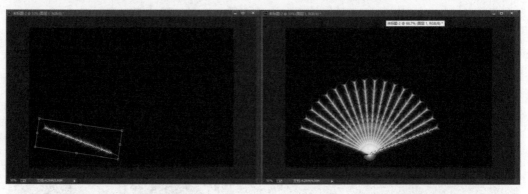

图 11-3-11　自由变换　　　　　　　图 11-3-12　扇子整体效果

步骤 8：按"Ctrl+D"组合键,取消当前的选区。按"Ctrl+图层缩略图"组合键,载入整个扇子的选区。执行渐变工具,色谱,模式是颜色,在扇子上拉线,此处可多执行几次,最后取消选区,即可得到色彩丰富的羽毛扇子效果。

　相关知识点

（一）制作分析

掌握风格化滤镜中的 8 种滤镜的操作方法和参数设置。

（二）相关知识

（1）复制背景层,不要直接在背景层上处理图像,要养成建立背景副本的好习惯。

（2）在任一对话框中,按下"Alt"键,对话框中的"取消"按钮会变成复位按钮,单击它可以将滤镜设置恢复到刚打开对话框时的状态。

（3）按下"Ctrl+F"组合键如果按下"Ctrl+Alt+F"组合键,会重新打开上一次执行的滤镜的对话框。

实训 1 对下面素材使用风格化滤镜里的查找边缘、等高线和浮雕滤镜。
素材见图 11-3-13 ,效果见图 11-3-14、图 11-3-15、图 11-3-16。

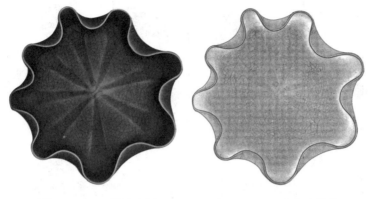

图 11-3-13　原图素材　　　　图 11-3-14　查找边缘效果

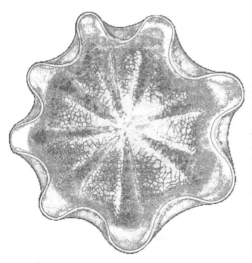
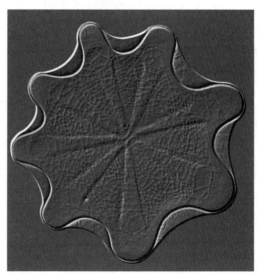

图 11-3-15　等高线效果　　　　图 11-3-16　浮雕效果

实训 2 对下面素材使用风格化滤镜里的拼贴、曝光过度和凸出滤镜。
素材见图 11-3-17,效果如图 11-3-18、图 11-3-19、图 11-3-20 所示。

图 11-3-17　原图素材　　　　　　　　图 11-3-18　拼贴效果

图 11-3-19　曝光过度效果　　　　　　图 11-3-20　凸出效果

Photoshop CC 图像设计项目教程·理论篇

任务4 模糊

模糊滤镜主要是通过像素转化使图像中生硬的地方进行平滑处理,从而使图像具有光晕质感的效果。模糊滤镜组子菜单中共包含14种模糊效果,如图11-4-1所示。

一 任务目标

灵活运用模糊滤镜制作彩色气泡,如图11-4-2所示。

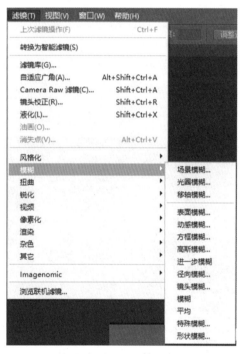

图 11-4-1 模糊滤镜组

图 11-4-2 效果图

二 任务实施

步骤1:新建一个宽度和高度一致的文档,背景填充黑色,参数设置如图11-4-3所示。

步骤2:选择"滤镜→渲染→镜头光晕"命令,把光晕移到中间位置,亮度110,镜头类型选择50*300毫米。效果如图11-4-4所示。

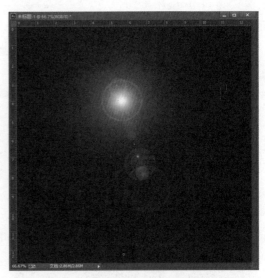

图 11-4-3　新建图层设置　　　　　　　图 11-4-4　镜头光晕效果

步骤 3：复制一个图层，执行"滤镜→扭曲→极坐标"命令，选择"平面坐标到极坐标"，效果如图 11-4-5 所示。将此图层再复制一次，按"Ctrl+F"组合键把极坐标再次加强，效果如图 11-4-6 所示。

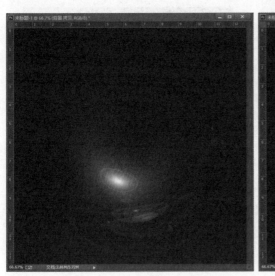

图 11-4-5　"极坐标"效果

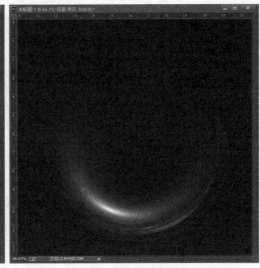

图 11-4-6　加强"极坐标"效果

步骤 4：新建一个 600 * 600 像素的文档，画一正圆填充黑色，效果如图 11-4-7 所示。

步骤 5：回到刚才新建的文档，把图层 1 副本拖曳进来，用自由变换调整大小和位置，效果如图 11-4-8 所示。执行"滤镜→模糊→高斯模糊"，效果如图 11-4-9 所示。

Photoshop CC 图像设计项目教程·理论篇

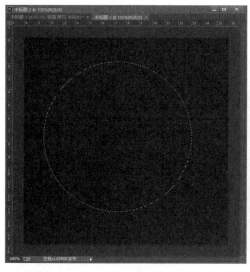

图 11-4-7　填充正圆

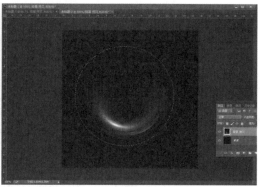

图 11-4-8　自由变换效果

步骤 6：把当前图层复制一层，移到合适位置，调整色相饱和度，效果如图 11-4-10 所示。

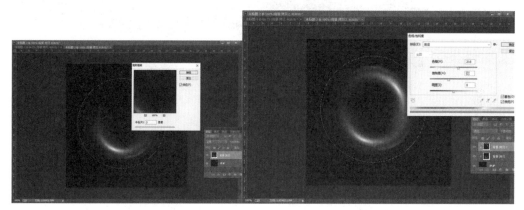

图 11-4-9　"高斯模糊"效果　　　　　　　图 11-4-10　调整"色相/饱和度"

步骤 7：适当地调整气泡的光感，使效果更加鲜明。

三　相关知识点

（一）制作分析

灵活掌握模糊滤镜中的 14 种滤镜的操作方法、参数设置。

（二）相关知识

（1）复制背景层，不要直接在背景层上处理图像，要养成建立背景副本的好习惯。

（2）在使用模糊滤镜的过程中，合理设置参数，可以达到更好的效果。

（3）"径向模糊"滤镜→旋转镜和爆炸镜，"高斯模糊"滤镜→柔焦镜，"动感模糊"滤镜→速度镜。

四　举一反三

实训1　利用动感模糊滤镜创造运动效果。

素材见图 11-4-11，效果如图 11-4-12 所示。

图 11-4-11　素材图　　　　　　　　　　　图 11-4-12　效果图

实训2　利用径向模糊滤镜制作向前冲刺效果。

素材见图 11-4-13，效果如图 11-4-14 所示。

图 11-4-13　素材图　　　　　　　　　　　图 11-4-14　效果图

任务5　扭曲

扭曲滤镜主要是将图像进行几何扭曲,创建3D图像或其他整形效果。扭曲滤镜组子菜单中共包含9种扭曲效果,如图11-5-1所示。

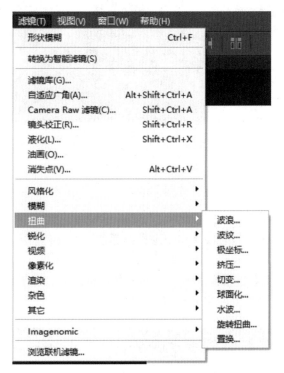

图11-5-1　扭曲滤镜组

　**任务目标**

利用扭曲滤镜中旋转扭曲和极坐标滤镜制作七彩绚丽星空,效果如图11-5-2、11-5-3所示。

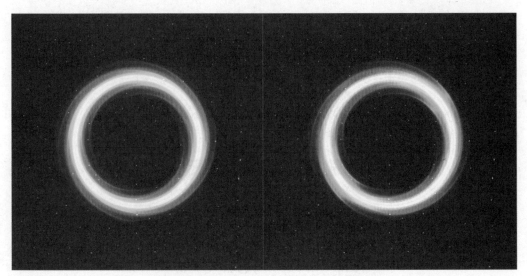

图 11-5-2　效果一　　　　　　　　　图 11-5-3　效果二

 任务实施

步骤1:在 PS 中新建一个 800*800 像素的黑色背景文件,用画笔工具在上面点一些白色的点点,如图 11-5-4 所示。

步骤2:"Ctrl+R"组合键显示标尺,在中心点处拉水平和垂直参考线。新建一层,从中心拉出菱形渐变,图层模式改为滤色,如图 11-5-5 所示。

图 11-5-4　新建图层　　　　　　　　图 11-5-5　菱形渐变

步骤3:执行"滤镜→旋转扭曲"命令,角度为 400 度。对话框见图 11-5-6,效果如图

11-5-7 所示。

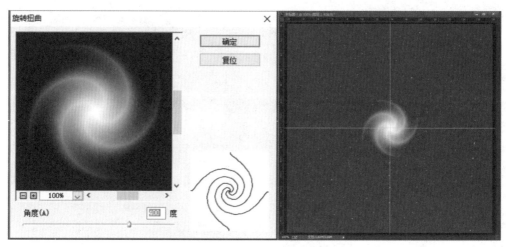

图 11-5-6 "旋转扭曲"设置　　　　图 11-5-7 "旋转扭曲"效果

步骤 4:执行"滤镜→扭曲→极坐标"命令,模式为"极坐标到平面坐标"。对话框如图 11-5-8,效果如图 11-5-9 所示。

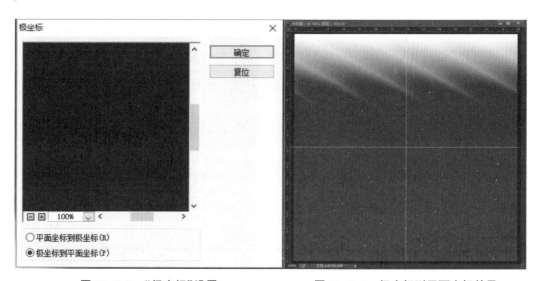

图 11-5-8 "极坐标"设置　　　　图 11-5-9 极坐标到平面坐标效果

步骤 5:调整图像尺寸为 1000 * 1000 像素,然后自由变换,使上层图像位于下半部。再复制一层,执行变换,垂直翻转,将其移动到图像上部。对话框见图 11-5-10,效果如图 11-5-11 所示。

项目十一

滤镜

269

図 11-5-10　复制变换移动图像　　　　　　　图 11-5-11　移动后效果

　　步骤6：把对齐的上下层合并，执行"极坐标"，模式为从平面坐标到极坐标。对话框见图11-5-12，效果如图11-5-13所示。

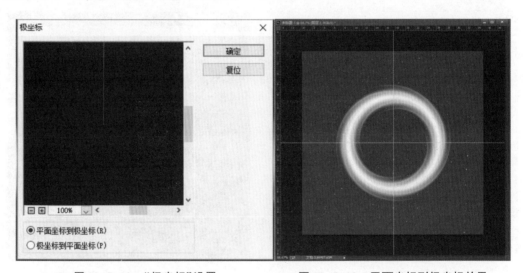

图 11-5-12　"极坐标"设置　　　　　　　图 11-5-13　平面坐标到极坐标效果

　　步骤7：选择"色相/饱和度"命令，钩选"着色"选项。如果想让色彩更加丰富，新建一层，选择透明彩虹渐变—线性渐变方式，混合模式改为叠加或者色相，就可以把星空处理的更加丰富亮丽。对话框见图11-5-14，效果如图11-5-15所示。

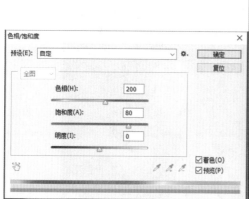

图 11-5-14 "着色"对话框

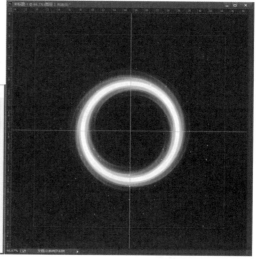

图 11-5-15 调整后效果

 相关知识点

(一)制作分析

灵活掌握扭曲滤镜中的 9 种滤镜的操作方法,参数设置。

(二)相关知识

(1)复制背景层,不要直接在背景层上处理图像,要养成建立背景副本的好习惯。
(2)在使用扭曲的过程中,合理设置参数,可以达到更好的效果。
(3)滤镜的操作是非常简单的,但是真正用起来却很难恰到好处。滤镜通常需要同通道、图层等联合使用,才能取得最佳的艺术效果。

四 举一反三

实训 1 利用旋转扭曲制作特殊效果。素材见图 11-5-16,效果如图 11-5-17 所示。

项目十一 滤镜

271

图 11-5-16　素材图　　　　　　　　　图 11-5-17　效果图

实训2　利用水波滤镜制作特殊效果。素材见图 11-5-18，效果如图 11-5-19 所示。

图 11-5-18　素材图　　　　　　　　　图 11-5-19　效果图

任务6 锐化

锐化滤镜主要是通过增加相邻像素的对比度来聚焦模糊的图像。锐化滤镜组子菜单中共包含6种锐化效果,如图11-6-1所示。

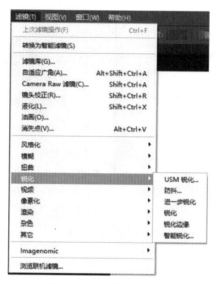

图11-6-1 锐化滤镜组

一 任务目标

对同一张照片执行锐化里的6种滤镜效果,通过它们的对比效果来熟悉这几种滤镜,原图素材见图11-6-2。

图11-6-2 原图素材

二 任务实施

步骤1：打开"实例素材\PS11\11-6.JPG"文件。为了方便以下的操作，按下"Ctrl+J"组合键，得到背景层的副本图层1。

步骤2：选择"滤镜→锐化→USM 锐化"命令，打开此命令对话框如图 11-6-3 所示，效果如图 11-6-4 所示。

图 11-6-3 "USM 锐化"对话框

图 11-6-4 锐化后效果

这种锐化方式是用来调整边缘细节的对比度，并在边缘的每侧生成一条亮线和一条暗线，从而使图像更清晰。最后确定即可。

步骤3：选择"滤镜→锐化→防抖"命令，打开此命令对话框如图 11-6-5 所示，效果如图 11-6-6 所示。

图 11-6-5 "防抖锐化"对话框

图 11-6-6 设置后效果

在防抖滤镜模式下，有几个可以调节的选项：①临摹边界，以像素为单位指定选择模糊临摹的最大边界；②平滑，减少因锐化导致的高频率或颗粒状杂色；③伪像抑制，减少因锐化导致的较大伪像。最后确定即可。

步骤4：选择"滤镜→锐化→进一步锐化"命令，打开此命令对话框如图 11-6-7 所示，效果如图 11-6-8 所示。

图 11-6-7 "进一步锐化"处理前

图 11-6-8 锐化后处理效果

进一步锐化滤镜是聚焦选区并提高其清晰度,它比"锐化"滤镜应用更强的锐化效果。此滤镜没有对话框。

步骤 5:选择"滤镜→锐化→锐化"命令,打开此命令对话框如图 11-6-9 所示,效果如图 11-6-10 所示。

图 11-6-9 "锐化"处理前

图 11-6-10 锐化处理后效果

锐化滤镜是聚焦选区并提高其清晰度,它比"锐化"滤镜应用弱的锐化效果。此滤镜没有对话框。

步骤 6:选择"滤镜→锐化→锐化边缘"命令,打开此命令对话框如图 11-6-11 所示,效果如图 11-6-12 所示。

图 11-6-11　"锐化边缘"处理前　　　　　图 11-6-12　锐化边缘处理后效果

　　锐化边缘滤镜是通过查找图像中颜色发生显著变化的区域,然后将其锐化。它只锐化图像的边缘,同时保留总体的平滑度。此滤镜没有对话框。

　　步骤7:选择"滤镜→锐化→锐化边缘"命令,打开此命令对话框如图 11-6-13 所示,效果如图 11-6-14 所示。

图 11-6-13　"锐化边缘"处理前　　　　　图 11-6-14　锐化边缘处理后效果

　　锐化边缘滤镜是通过查找图像中颜色发生显著变化的区域,然后将其锐化。它只锐化图像的边缘,同时保留总体的平滑度。此滤镜没有对话框。

　　步骤8:选择"滤镜→锐化→智能锐化"命令,打开此命令对话框如图 11-6-15 所示,效果如图 11-6-16 所示。

图 11-6-15 "智能锐化"设置

图 11-6-16 智能锐化效果

　　智能锐化滤镜是通过设置锐化算法来锐化图像,或者控制阴影和高光中的锐化值。最后确定即可。

三 相关知识点

（一）制作分析

灵活掌握锐化滤镜中的 6 种滤镜的操作方法,参数设置。

（二）相关知识

（1）复制背景层,不要直接在背景层上处理图像,要养成建立背景副本的好习惯。
（2）在使用锐化的过程中,合理设置参数,可以达到更好的效果。
（3）模糊照片处理的方法非常多,对于一些轮廓损坏不是很多的照片,采用 USM 锐化处理是比较快的。

四 举一反三

实训 利用智能锐化滤镜提高照片的清晰度。
素材见图 11-6-17,效果见图 11-6-18 所示。

图 11-6-17　素材图　　　　　　　　　　　图 11-6-18　效果图

任务 7　像素化

　　像素化滤镜主要是通过使单元格中颜色相近的像素结成块来清晰地定义一个选区。
像素化滤镜组子菜单中共包含 7 种效果,如图 11-7-1 所示。

图 11-7-1　像素化滤镜组

 **任务目标**

对同一张照片执行像素化里的 7 种滤镜处理,通过对它们效果的比对来熟悉这几种滤镜,原图素材见图 11-7-2。

图 11-7-2

 **任务实施**

步骤 1:打开"实例素材\PS11\11-7-2. JPG"文件。为了方便以下的操作,按下"Ctrl+J"组合键,得到背景层的副本图层 1。

步骤 2:选择"滤镜→像素化→彩块化"命令,打开此命令设置如图 11-7-3 所示,效果如图 11-7-4 所示。

图 11-7-3 "彩块化"设置   图 11-7-4 彩块化效果

彩块化是通过使单元格中颜色相近的像素结成相近颜色的像素块,可以使现实主义图像产生类似抽象派绘画效果。此滤镜没有对话框。

步骤3:选择"滤镜→像素化→彩色半调"命令,打开此命令对话框如图11-7-5所示,效果如图11-7-6所示。

图11-7-5 "彩色半调"对话框　　　　　　　　图11-7-6 彩色半调效果

彩色半调滤镜可以产生版画的效果。对于灰度图像,只使用通道1,对于RGB图像,使用通道1、2、3,对于CMYK图像,使用四个通道。设置完后单击"确定"按钮即可。

步骤4:选择"滤镜→像素化→点状化"命令,打开此命令对话框如图11-7-7所示,效果如图11-7-8所示。

图11-7-7 "点状化"对话框　　　　　　　　图11-7-8 点状化效果

点状化滤镜可以将图像中的颜色分解为随机分布的网点,如同点状化绘画一样,并使用背景色作为网点之间的画布区域。设置好后单击"确定"按钮即可。

步骤5:选择"滤镜→像素化→晶格化"命令,打开此命令对话框如图11-7-9所示,效果如图11-7-10所示。

图 11-7-9　"晶状化"对话框　　　　　　　　图 11-7-10　晶状化效果

　　晶格化滤镜可以使像素结块形成多边形纯色。设置完后单击"确定"按钮即可。

　　步骤6：选择"滤镜→像素化→马赛克"命令，打开此命令对话框如图11-7-11所示，效果如图11-7-12所示。

图 11-7-11　"马赛克"对话框　　　　　　　图 11-7-12　马赛克效果

　　马赛克滤镜可以使像素结为方形块。设置完后单击"确定"按钮即可。

　　步骤7：选择"滤镜→像素化→碎片"命令，打开此命令设置如图11-7-13所示，效果如图11-7-14所示。

| 图 11-7-13 "碎片"设置 | 图 11-7-14 碎片效果 |

碎片滤镜将创建选区中像素的四个副本,将它们平均,并使其相互偏移。此滤镜没有对话框。

步骤 8:选择"滤镜→像素化→铜版雕刻"命令,打开此命令对话框如图 11-7-15 所示,效果如图 11-7-16 所示。

| 图 11-7-15 "铜版雕刻"对话框 | 图 11-7-16 铜版雕刻效果 |

铜版雕刻滤镜将图像转换为黑白区域的随机图案或彩色图像中完全饱和颜色的随机图案。设置完后单击"确定"按钮即可。

 三 相关知识点

(一)制作分析

灵活掌握像素化滤镜中的 7 种滤镜的原理,操作方法等。

（二）相关知识

（1）复制背景层，不要直接在背景层上处理图像，要养成建立背景副本的好习惯。

（2）在使用像素化的过程中，合理设置参数，可以达到更好的效果。

（3）如果在滤镜设置窗口中对自己调节的效果感觉不满意，希望恢复调节前的参数，可以按住"Alt"键，这时取消按钮会变为复位按钮，单击此钮就可以将参数重置为调节前的状态。

四 举一反三

实训1 利用点状化命令实现下雪效果。

素材见图11-7-17，效果如图11-7-18所示。

图11-7-17 素材图　　　　　　　图11-7-18 效果图

实训2 任选一种像素化滤镜，为下图实现特殊效果。

素材见图11-7-19，特殊效果自定。

图11-7-19 原图素材

任务8　渲染

渲染滤镜可在图像中创建 3D 形状、云彩图案、折射图案和模拟的光反射等效果。渲染滤镜组子菜单中共包含 5 种效果,如图 11-8-1 所示。

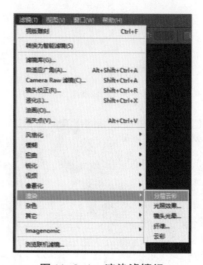

图 11-8-1　渲染滤镜组

一　任务目标

对同一张照片执行渲染里的 5 种滤镜效果,通过对它们效果的比对来熟悉这几种滤镜,原图素材见图 11-8-2。

图 11-8-2　原图素材

二　任务实施

步骤 1：打开"实例素材\PS11\11-8-2.JPG"文件。为了方便以下的操作，按下"Ctrl +J"组合键，得到背景层的副本图层 1。

步骤 2：选择"滤镜→渲染→分层云彩"命令，打开此命令设置如图 11-8-3 所示，效果如图 11-8-4 所示。

图 11-8-3　"分层云彩"设置　　　　　图 11-8-4　分层云彩效果

分层云彩滤镜是使用随机生成的介于前景色与背景色之间的值，生成云彩图案，其方式与"差值"模式混合颜色的方式相同。此滤镜没有对话框。

步骤 3：选择"滤镜→渲染→光照效果"命令，打开此命令对话框如图 11-8-5 所示，效果如图 11-8-6 所示。

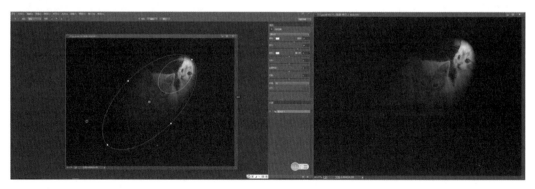

图 11-8-5　"光照效果"对话框　　　　　图 11-8-6　光照效果

光照效果滤镜可以通过改变 17 种光照样式、3 种光照类型和 4 种光照属性，在 RGB 图像上产生许许多多种光照效果。设置完成后单击"确定"按钮即可。

步骤 4：选择"滤镜→渲染→镜头光晕"命令，打开此命令对话框如图 11-8-7 所示，效果如图 11-8-8 所示。

项目十一　滤镜

图 11-8-7 "镜头光晕"对话框　　　　　　图 11-8-8　镜头光晕效果

光照效果滤镜是模拟亮光照射到相机镜头所产生的折射。通过点按图像缩览图的任一位置或拖移其十字线,指定光晕中心的位置。最后单击"确定"按钮即可。

步骤5:选择"滤镜→渲染→纤维"命令,打开此命令对话框如图 11-8-9 所示,效果如图 11-8-10 所示。

图 11-8-9 "纤维"对话框　　　　　　　图 11-8-10　纤维效果

纤维滤镜是使用前景色和背景色创建编织纤维的外观。可以使用"差异"滑块来控制颜色的变化方式,"强度"滑块用来控制每根纤维的外观,设置完成后单击"确定"按钮即可。

步骤6:选择"滤镜→渲染→云彩"命令,打开此命令对话框如图 11-8-11 所示,效果如图 11-8-12 所示。

图 11-8-11 "云彩"滤镜设置   图 11-8-12 云彩效果

云彩滤镜是使用介于前景色与背景色之间的随机值,来生成柔和的云彩图案。此滤镜没有对话框。

 相关知识点

(一)制作分析

灵活掌握渲染滤镜中的 5 种滤镜的原理,操作方法等。

(二)相关知识

(1)复制背景层,不要直接在背景层上处理图像,要养成建立背景副本的好习惯。
(2)在使用渲染的过程中,合理设置参数,可以达到更好的效果。
(3)云彩滤镜是将前景色和背景色相融合,产生随机的云彩状图案,然后填充到当前活动图层或选区中;分层云彩相当于进行了云彩效果后再进行反相处理。

 举一反三

实训 1 利用云彩命令制作天空效果。
效果如图 11-8-13 所示。
实训 2 利用分层云彩命令实现闪电效果。
效果如图 11-8-14 所示。

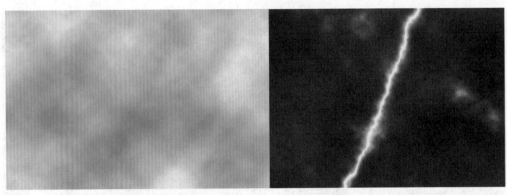

图 11-8-13　天空效果　　　　　　　　　图 11-8-14　闪电效果

任务9　杂色

杂色滤镜是通过添加或移去杂色或带有随机分布色阶的像素,这有助于将选区混合到周围的像素中。杂色滤镜组子菜单中共包含 5 种效果,如图 11-9-1 所示。

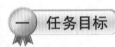
一　任务目标

对同一张照片执行杂色里的 5 种滤镜效果,通过对它们效果的比对来熟悉这几种滤镜,原图素材见图 11-9-2。

图 11-9-1　杂色滤镜组　　　　　　　　　图 11-9-2　原图素材

　　步骤1:打开"实例素材\PS11\11-9-2.JPG"文件。为了方便以下的操作,按下"Ctrl+J"组合键,得到背景层的副本图层1。

　　步骤2:选择"滤镜→杂色→减少杂色"命令,打开此命令对话框如图11-9-3所示,效果如图11-9-4所示。

　　图11-9-3　"减少杂色"对话框　　　　　　　图11-9-4　减少杂色效果

　　减少杂色滤镜是在基于影响整个图像或各个通道的用户设置保留边缘的同时减少杂色。设置完成后单击"确定"按钮即可。

　　步骤3:选择"滤镜→杂色→蒙尘与划痕"命令,打开此命令对话框如图11-9-5所示,效果如图11-9-6所示。

　　图11-9-5　"蒙尘与划痕"对话框　　　　　　图11-9-6　蒙尘与划痕效果

　　蒙尘与划痕滤镜通过更改相异的像素减少杂色。设置完成后单击"确定"按钮即可。

　　步骤4:选择"滤镜→杂色→去斑"命令,打开此命令对话框如图11-9-7所示,效果如图 11-9-8 所示。

| 图 11-9-7 "去斑"滤镜设置 | 图 11-9-8 去斑效果 |

去斑滤镜是检测图像的边缘并模糊除边缘外的所有选区,该滤镜可移去杂色,同时保留细节。此命令没有对话框。

步骤5:选择"滤镜→杂色→添加杂色"命令,打开此命令对话框如图 11-9-9 所示,效果如图 11-9-10 所示。

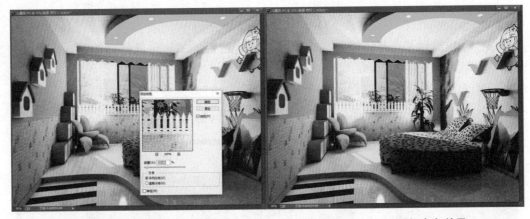

| 图 11-9-9 "添加杂色"对话框 | 图 11-9-10 添加杂色效果 |

添加杂色滤镜是将随机像素应用于图像,模拟在高速胶片上拍照的效果。设置完成后单击"确定"按钮即可。

步骤6:选择"滤镜→杂色→中间值"命令,打开此命令对话框如图 11-9-11 所示,效果如图 11-9-12 所示。

| 图 11-9-11　"中间值"滤镜设置 | 图 11-9-12　中间值效果 |

中间值滤镜是通过混合选区中像素的亮度来减少图像的杂色。此滤镜在消除或减少图像的动感效果时非常有用。设置好后单击"确定"按钮即可。

 三　相关知识点

（一）制作分析

灵活掌握杂色滤镜中的 5 种滤镜的原理,操作方法等。

（二）相关知识

（1）复制背景层,不要直接在背景层上处理图像,要养成建立背景副本的好习惯。
（2）在使用杂色的过程中,合理设置参数,可以达到更好的效果。
（3）该组滤镜对图像有优化的作用,经常在输出图像时使用。

 四　举一反三

实训　利用添加杂色命令实现木纹效果。
效果如图 11-9-13 所示。

图 11-9-13　木纹效果

 任务 10 Imagenomic Portraiture

Imagenomic Portraiture 滤镜是 Imagenomic 公司的一个降噪插件,主要是用来做人物磨皮效果的。一般情况下用它的默认参数就 OK 了,如图 11-10-1 所示。

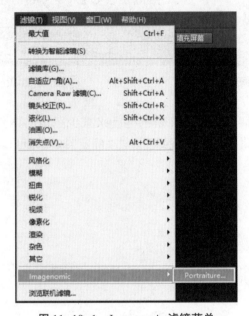

图 11-10-1 Imagenomic 滤镜菜单

一 任务目标

对照片执行磨皮滤镜效果,了解其强大的功能,素材见图 11-10-2,效果如图 11-10-3 所示。

图 11-10-2 素材图

图 11-10-3 效果图

二 任务实施

步骤1：打开"实例素材\PS11\11-10-2.JPG"文件,为了方便以下的操作,按下"Ctrl+J"组合键,得到背景层的副本图层1。

步骤2：选择"滤镜→Imagenomic→Portraiture"命令,打开此命令对话框见图11-10-4,完成最终效果。

图11-10-4 Portraiture滤镜对话框

Imagenomic Portraiture 滤镜是磨皮滤镜,操作简单方便,效果美。如果第一次磨皮效果不佳,可进行第二次磨皮。当然不能磨皮过度,以免照片失真。最后单击"OK"按钮即可。

 相关知识点

(一)制作分析

灵活掌握 Imagenomic Portraiture 滤镜的原理,操作方法等。

(二)相关知识

(1)复制背景层,不要直接在背景层上处理图像,要养成建立背景副本的好习惯。
(2)此滤镜可以快速地实现磨皮效果,广泛地应用于人像的美化修饰领域。

四 举一反三

实训 利用磨皮滤镜命令实现照片的美白效果。
素材见图11-10-5,效果如图11-10-6所示。

图 11-10-5　素材图　　　　　　　　　图 11-10-6　效果图

五　课外拓展

拓展任务 1——热气腾腾的美食

【拓展目标】　巩固学习风格化、模糊、扭曲等滤镜命令制作牛排的烟雾图像效果。

【知识要点】　掌握风、高斯模糊、切变扭曲等滤镜的不同作用,把它们结合起来,制做出真实自然的烟雾效果。素材见图 11-10-7,效果如图 11-10-8 所示。

图 11-10-7　素材图　　　　　　　　　图 11-10-8　效果图

拓展任务 2——打散皮肤

【拓展目标】　学习巩固图像的选区知识、液化滤镜、杂色滤镜和扭曲滤镜的知识。

【知识要点】　首先用选区选出身体的对应部分,然后对选区内的图像用画笔进行涂抹,最后使用添加杂色滤镜和波纹滤镜制作出皮肤打散的效果。素材见图 11-10-9,效果如图 11-10-10 所示。

图 11-10-9　素材图

图 11-10-10　效果图

项目十二
自动化处理与动画制作

Photoshop 的处理功能不仅仅体现静态图像处理,也可以制作或处理动态图像,不仅一次可以处理一个图像,也可以同时对成批的图像进行处理,后者需要用动作或动画功能来完成。

项目导读

动作是用来记录 Photoshop 的操作步骤,以便于再次回放以提高工作效率和标准化操作流程。该功能支持记录针对单个文件或一批文件的操作过程。用户不但可以把一些经常进行的"机械化"操作录成动作来提高工作效率,也可以把一些颇具创意的操作过程记录下来并且可以把这个动作进行批量自动化处理。动画是通过动画调板实现动态图像的处理或制作,主要是 GIF 动画。

学习目标

1.熟悉动作调板;掌握自定义动作录制和应用;了解动作的管理。
2.熟悉动画制作和生成动画。

任务 1 制作荷花雨动画

一 任务目标

使用动作调板,创建"下雨动作"并应用,利用静止帧创建下雨动画,素材见图 12-1-1,效果如图 12-1-2 所示。

296

Photoshop CC 图像设计项目教程·理论篇

图 12-1-1 素材图

图 12-1-2 效果图

二 任务实施

步骤 1:打开"动作动画素材 1.JPG"文件。

步骤 2:打开动作调版,单击工具栏"窗口→动作"命令,动作调版如图 12-1-3 所示。

步骤 3:新建动作组(图 12-1-3 中 1 处),名称"自定义动作组 1",新建动作(图 12-1-3 中 2 处),单击动作调板右上角的"调板菜单"图标。在"新建动作"对话框中的"名称"中键入"下雨 1"。

步骤 4:录制动作,单击"开始录制"按钮,确认后自动开始"录制"。

步骤 5:在文件中新建图层,并填充黑色。

步骤 6:对填充黑色的图层增加"添加杂色"滤镜,选择"滤镜→杂色→添加杂色"命令,参数设置为数量:35%;分布:高斯分布;单色:选择。

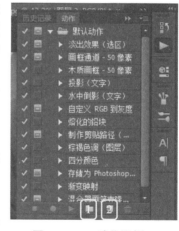
图 12-1-3 动作调板

步骤 7:对填充黑色的图层增加"动感模糊"滤镜,执行"滤镜→模糊→动感模糊"命令,参数设置为角度:50;距离:40 像素。

步骤 8:对填充黑色的图层调整亮度,执行"图像→调整→亮度/对比度"命令,设置以下参数:亮度:+12;对比度:+82%。

步骤 9:对填充黑色的图层设置图层模式,选择图层调板,图层混合模式选择为"滤色";图层的不透明度:100%。

步骤 10:选择动作调板,按"停止"按钮。

步骤 11:选择动作调板,按"播放"键 2 次,得到 2 个新图层。

步骤 12:打开动画窗口:菜单"窗口→时间轴",在时间轴中间的下三角,选择"创建帧动画",如图 12-1-4、图 12-1-5 所示。

步骤 13:复制 2 帧图像见图 12-1-5 中动画调板 1 处按钮,此时窗口中出现 3 帧图像,每帧图像中都有 1 个荷花的背景图像和 3 个下雨的前景图像。

图 12-1-4　创建视频时间轴

图 12-1-5　创建帧动画

步骤 14:调整图层可见性,将第 1 帧图像中的第 1 个下雨图层设置为可见,将第 2 帧图像中的第 2 个下雨图层设置为可见,将第 3 帧图像中的第 3 个下雨图层设置为可见。

步骤 15:设置每帧动画时间为 0.2 s。

步骤 16:查看效果,按下动画调板中的"播放"键,查看下雨效果,如果满意则存储。

步骤 17:文件发布,执行"文件→存储为 web 所用格式"命令,按"存储"为". gif"格式,完成最终效果。

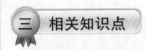 相关知识点

(一)制作分析

下雨效果图中必须有雨滴,雨滴可以用随机噪声点来模仿。Photoshop 中可以使用"杂色"滤镜。雨滴必须有落下的轨迹,Photoshop 中可以使用"运动模糊"滤镜来实现。要产生连续下雨效果需要使用多个不同的下雨图层,因制作手续烦琐,这时运用"动作"功能可以快速制作多个下雨图层。注意,虽然制作过程完全相同,但"杂色"效果是随机产生,故各图层中的雨点位置有所不同,正好符合雨滴下落的情景。

要产生雨滴下落的效果必须有多个静止帧组成动画。可以在 Photoshop"动画"调板中复制多个静止帧,各个帧的下雨效果图层必须不同,不同帧设置为不同下雨效果图层即可。连续播放 3 帧图像可以显示下雨效果。

(二)相关知识

1.动作调板

在图像处理过程中,有时需要对多个图像进行几步或多步相同的操作,如果逐个进行处理,既浪费时间,又很难保证每次做的效果都一样。在 Photoshop 中,系统提供了若干预设的动作。所谓动作,就是可以在一个或一批文件上重复使用的一系列命令的集合,类似于 Word 中的"宏"。使用这些动作可以生成多种效果。对于动作的创建、播放、管理等操作都离不开动作调板,现在就讲讲动作调板。

执行"窗口→动作"命令,可以打开动作调板,如图 12-1-6 所示。

动作调板上的各项功能如下:

（1）项目开关　单击该处可以进行项目开关状态的切换。当出现对钩时，表示该项目是可见的，当包含该项目的动作或动作集播放时，该项目就会被执行；否则，该项目被忽略。当该项目所包含的项目为不可见时，则该项目前面的对钩将显示为红色。

（2）对话框开关　单击它可以进行开关状态的切换。当显示对话框缩略图时表示对话框是可见的，处于打开状态。当动作或动作集播放到该项目时就会弹出它的对话框，让用户设置参数；否则就不弹出对话框，其参数将把录制时的取值作为默认值。

（3）动作文件夹　它是所有动作的总集，存放所有动作。

（4）动作集　它表示的是录制一系列动作的集合。

（5）动作项目　录制某一单个动作。

动作调板下面的各个按钮功能如下：

（1）停止录制/播放按钮　用于停止录制或播放动作。

（2）录制动作按钮　开始录制动作。

（3）开始播放动作按钮　开始播放动作。

（4）新建动作文件夹按钮　用于新建动作文件夹。

（5）新建动作按钮　用于新建动作集。

（6）删除动作按钮　它可以删除动作文件夹，也可以删除动作集和单个动作。

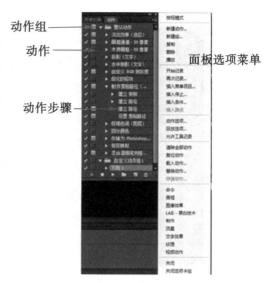

图12-1-6　动作调板

2.动作选项菜单

动作的管理除了可以通过动作调板外，还可以借助于动作调板菜单，如图12-1-6（右）所示。动作调板菜单中的命令几乎可以实现所有与动作有关的操作，用户可以根据需要试验每个命令的作用。

另外，如从面板的选项菜单中选择"按钮模式"，可将每个动作以按钮状态显示，这样可以在有限的空间中列出更多的动作，以简单明了的方式呈现，如图12-1-7所示。同样的菜单位置可取消该功能。

3.录制动作

选中动作集或动作后单击●按钮，或新建一个动作集后，●按钮显示为红色，表明已经是录制状态，此时用户所作的大部分操作可以录制下来。用户不但能将动作调板中的播放命令录制下来，而且能够录制主菜单"文件→自动子菜单"中的命令。录制完毕单击■按钮停止即可。图12-1-8是新录制的动作集"下雨1"。

图 12-1-7　动作菜单

图 12-1-8　新录制动作集

有一些动作或命令是不能被录制下来的,如色调(减淡、加深、海绵等)和绘图工具等。用户可以在录制时或录制完成以后自己插入这些无法录制的操作。当动作被播放时,这些被插入的操作会被执行。现在介绍插入命令的使用方法:首先选择某个动作或动作集,然后选择动作调板菜单中的插入菜单项目命令,用鼠标选择要插入的命令即可。

用户还可以在录制过程中插入路径,在播放时,插入的路径会重新生成供用户调整。插入路径的方法是:在录制时建立一个路径,然后选择动作调板菜单中的"插入路径"命令即可。

4. 播放动作

当录制完动作后,就可以播放动作了,将所录制的一系列操作按顺序播放。用户可以选择从哪个项目开始播放,也可以选择播放哪些动作或动作集播放,哪些不播放。

首先打开一个图像文件。若要播放全部的动作,选择动作文件夹;若要播放一个动作集,选择该动作集;若只需要播放部分动作,则指定开始播放的项目。设定好要播放的动作后,单击动作调板上的播放按钮,就可以开始播放动作了。

5. 排列动作

要对动作进行重新排序,只需要直接在调板上操作即可。具体方法是:用鼠标拖动动作文件夹、动作集或动作到你需要的地方即可。

6. 替换动作

选择动作调板菜单中的"替换动作"命令,将弹出替换对话框,选择其中一种动作文件夹就可以替换当前动作调板上的所有动作。

7. 批处理

为提高操作效率,Photoshop 提供了自动批处理命令,可以一次性完成许多重复琐碎的工作,让用户处理图片时更加轻松、方便,详见具体操作。

（1）首先打开一批图像文件，如图 12-1-9 所示（4 张图片）。

图 12-1-9　图像批文件

（2）播放"文件→自动→批处理"命令，打开如图 12-1-10 所示的对话框。

图 12-1-10　"批处理"对话框

在对话框中有几个选项：

1）播放：该控制参数又包含有两个选项：

●组合：让用户选择所有播放的动作文件夹。

●动作：用户从动作文件夹中选择动作集（此处选择了系统提供的"渐变匹配"动作）。

2）源：这个控制参数有 4 个选项：如果选择"打开的文件"选项，将会把当前所有打开的文件一起处理。

3）目标：有三个选项：

●无：表示处理完的文件处于打开状态，暂时不保存。

●存储并关闭：表示处理完的图像将替代原来的图像文件，即保存在原来的位置并关闭图像文件。

●文件夹：表示将处理完的图像保存到新的文件夹，选中该项后，又有几个参数需要设定，点击"选择"按钮，将选择用动作集处理完以后的图像所保存在的文件夹，必要时，用户在批处理前可以新建这个文件夹。

（3）设置好对话框后，单击"确定"按钮，得到如图 12-1-11 所示的效果。

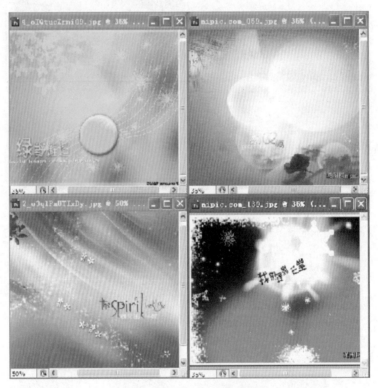

图 12-1-11　"批处理"效果

8.动画制作

GIF 动画图片是在网页上常常看到的一种动画形式，画面活泼生动，引人注目！GIF动画不仅可以吸引浏览者，还可以增加关注点击率。GIF 文件的动画原理是在特定的时间内显示特定画面内容,不同画面连续交替显示,产生动态画面效果。所以在 Photoshop 中,主要使用"动画"调板来设置制作 GIF 动画。

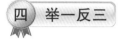

实训 1 动态水波动画

利用动画帧创建制作动态水波动画效果,素材见图 12-1-12,效果如图 12-1-13 所示。

图 12-1-12 原图素材 图 12-1-13 效果图

提示:将"水波滤镜"解压缩之后安装到 Photoshop 软件安装目录的 Plug-Ins 目录下面,创建帧动画,创建 4 个帧,对各帧设置时间 0.2 s,设置"将帧拼合到图层",在"动画"面板中选中第 1 帧,"图层"面板中选中图层一,执行滤镜,并找到滤镜插件;进行参数设置,"视野"中"水平线"参数:75,其余默认;其余各帧参数不变,设置为随机(只需点击"种子"按钮即可),最后发布动画。

实训 2 利用 3D 和动画调板制作 3D 动画。

用 3D 制作文字,将文字材质贴图,并使用动画调板制作 3D 旋转动画,效果如图 12-1-14 所示。

图 12-1-14 效果图

提示:新建文档大小为 800 ∗ 600 像素,输入文字"3DPS",使用"3D→从所选图层新建3D模型",对"3DPS"文字进行材质贴图,在时间轴面板上打开"3DPS"图层,起用"3D相机位置"创建3D旋转动画,注意使用关键帧改变相机的位置形成动画,最后发布动画。

五 课外拓展

拓展任务1——折扇动画

【拓展目标】 学习使用矩形工具、自定义形状转选区;学习使用动画调板制作 GIF 动画的过程。

【知识要点】 学习使用矩形工具、自定义形状转选区命令制作扇片;学习使用动画调板制作 GIF 动画的过程。最终效果如图 12-1-15 所示。

图 12-1-15 效果图

提示:创建文件大小为 700 * 500 像素,使用矩形工具绘制扇片,使用木纹样式填充,对扇片微调修饰,使用自定义形状绘制扇片中的图案。最后旋转使用"Ctrl+T"组合键将扇片进入自由变换状态,先将中心点拖到扇片的一端,扇片旋转一个合适的角度,然后使用"Alt+Ctrl+Shift"组合键,右手按 T 键,复制出扇片,形成扇子的形状。创建帧动画,创建 7 个帧,对各帧设置时间 0.1 s,在"动画"面板中选中第 1 帧,"图层"面板中选中扇片最左端一到三扇片让其显示,其他扇片不显示,后面各帧依次增加 2～3 扇片,最后发布动画。

Photoshop CC
图像设计项目教程·理论篇